JN336421

3.11が破壊したふたつの神話

原子力安全と地震予知

常石敬一

神奈川大学評論ブックレット 38　御茶の水書房

三・一一までの社会

正常化……

三・一一に触発されて、五年後となる二〇一六年の日本がどうなっているかを考えるようになった。丸二年が過ぎた二〇一三年五月末になって、原子力安全と地震予知の問題が、制度的な面でひとつの転機をむかえたように見えた。どういうことか。地震予知は無理と政府が認め、いくつかの原子力発電所は危険と判定され、ひとつは廃炉に、もうひとつは再開延期に追い込まれた。

転機をむかえたように見えた、と煮え切らない書き方となっているのには理由がある。何をいまさらという思いがあるからだ。また他方で、二〇一二年末の総選挙、民主党政権の原子力発電政策、二〇三〇年代には原子力発電所の稼働をゼロとする方針への対応を曖昧にしたまま成立した自公政権、安倍内閣によって、その方向が揺らぎはじめた。フクシマの原因もはっきりせず、汚染水漏れが止まらず、安倍晋三が東京オリンピック招致で明言した「アンダーコントロール」がウソであることが明白となっているが、麻薬である再稼働の動きは強くなりつつある。さらに一四年暮れの総選挙で自公政権が多数派を維持し、原発再稼働の動きが強まり、核のゴミを後世に残すという負の遺産の積み増しの可能性が高まっている。同じ負の遺産である国の財政赤字も、長年景気刺激策として自民党政権下で利用され、実効性が乏しいことがはっきりしている税金の浪費である公共投資の予算が膨れ上がることで、増大が危惧されている。自公政権の継続は、後世へふたつの負の遺産の積み増しの継続でもある。

二〇一三年五月二二日、太平洋側にある南海トラフを震源とする地震（東海、東南海・南海地震）について、従来から国家プロジェクトとして予知計画が進められてきた東海地震も含め、予知は不可能とする最終報告が内閣府の調査部会によってまとめられた[1]。

原子力発電所については、従来安全上問題なしとして運転されてきた、あるいは試運転が行われたこともある施設が相次いで「問題あり」と認定された。五月二二日、原子力規制委員会（以下では規制委と略記）は第七回の会議で、日本原電の敦賀原子力発電所の二号機の敷地下の断層を活断層と認定した。二九日には第八回の会議で、文部科学省傘下の日本原子力研究開発機構（以下では原子力機構と略記）が運営する、プルトニウムを燃料とし使用するだけでなくそれを生産することになっている高速増殖炉もんじゅには一万件に近い点検漏れがあることで、使用前検査と呼ばれる再開準備凍結を、また文科省には原子力機構の監督強化を命じる決定をした[2]。もんじゅの杜撰な管理運営はその後もいろいろ指摘され、二〇一四年一〇月一二日には「監視カメラ　1／3故障　もんじゅ、一年半放置も　保安規定違反疑い」という記事が掲載された[3]。

地震では地震予知は無理のようだという前提で、すでに二〇〇三年から「東海地震対策大綱」および「東南海・南海地震に係る地震防災対策の推進に関する特別措置法」が施行された。今回の報告はこの現実を明確に確認し、国民に自主的備えを求めた点が違うところだ。

敦賀原子力発電所の断層の問題について言えば、元々活断層の上に原子力発電所は設置できないことになっていたのだ。しかし立地審査を担当する委員会から活断層判定に力を発揮する変動地形学の専門家が排除されていた。その結果これまでは疑わしい断層についてそれが活断層か否かについての調査および判断が事業者任せになっており、まっとうな法律の適応が行われてこなかった。活断層有無という立地が可能かどうかを決める重要な判断は原子力ムラの身内だけで「お手盛り」でやっていたのが実態だった。その愚が新たに発足した規制委で繰返されようとしている。二〇一四年九月一〇日、規制委は九州電力川内原子力発電所の一および二号機について設計変更を条件に規制適合の判断を出した。しかし鹿児島県と宮崎県にはカルデラ火山があり、かつてはその溶岩流が原子力発電所サイトまで流れた痕跡がある。しかし、規制委は審査委員会から火山学者を排除し、お手盛りで噴火の予知は可能とする願望にすがりつき規制適合の判断を出した。

もんじゅの一万件に近い点検漏れも、従来は国のやることということで、「お目こぼし」の恩恵を受けることができ、点検漏れを叱責はされても、再開の延期という具体的な措置とはならなかっただろう。もんじゅはこの問題以外に敷地内に活断層の存在が規制委に指摘されており、その調査如何ではこのまま廃炉ということもありうる状況だ。三・一一以降、お手盛りやお目こぼしが幅を利かせる余地が少なくなり、従来脱法的に進められてきた原子力事業が法のルールの下に置かれはじめただけ、ということだ。

もんじゅは日本の核燃料サイクル事業に不可欠な施設だが、それが今存亡の危機にある。このままの状況が続けば、日本のプルトニウム保有を認めている日米原子力協定は、協定期限の二〇一八年で打ち切りとなる可能性が高い。その決着は二〇一六年にはついているだろう。

米国と韓国との間にも原子力協定があり、二〇一四年三月が期限だった。それ以前から改定交渉が続いていたが、妥結に至らず、従来通りの内容で二年間の延長ということになった。妥結できなかったのは韓国が、日本に認められている使用済み核燃料の再処理が可能となる改訂とするよう求めたからだった。二〇一五年四月になって改定交渉がまとまった。[4] 使用済み核燃料の再処理やウラン濃縮については今後両国で協議することで妥協が成立したためだ。

転機の問題にもどると、二〇一四年に入り、安倍内閣は天然ガスその他の発電用燃料の輸入代金が巨額にのぼるとして既存の原子力発電所の再稼働をめざして準備を進めている。実際「原発が停止してから、火力発電への依存度は急速に高まり、液化天然ガス（ＬＮＧ）の輸入量が急増した……結果として、原発が停止していなければ、輸入金額は四兆円程度少なかったと考えられる」[5]。いかにも原子力発電のストップによって四兆円の国富が失われたかのような書き方だ。しかし、実際には「震災以降、石油や液化天然ガス（ＬＮＧ）の総輸入数量はほとんど増えていない」[6]という現実がある。そして原子力発電所がストップしていれば、核燃料が消費されることはなく、またまだその方法や工法が確立されていない使用済み核燃料の無害化処理も必要がない。核燃料は既に買い込んでいるので、新たな支出はないが、コストであることに変わりはない。また無害化処理にどの程度の費用がかかるかは不明であり、現在は発電コストの一五％程度を見込んでいるが、[7] それで納まると考えている人はいないだろう。こうしたことを差し引くと原子力発電所を全面的に止め、火力発電所を稼働させることによる燃料輸入代金の増加額は一兆二千億円程度と考えられている。[8] 二〇一四年一〇月の円ドルレートは一〇八円程度で、これが安倍内閣以前の水準、八五円だと輸入代金は九千五百億円程度となる。本当は一兆円程度の超過負担を四兆円と見せかけることを情報操作という。

原子力利用と国際機関

二〇一三年五月末、フクシマをめぐり国際的に動きがあった。世界にも原子力の商業利用についてふたつの立場があることが国連の報告として示された。ひとつは慎重な立場からのものでありもうひとつは推進する立場からのものだ。前者は国連人権理事会の特別報告で、後者は「原子放射線の影響に関する国連科学委員会」（ＵＮＳＣＥＡＲ）の報告だ。人権理事会報告を伝えた「毎日新聞」の見出し[9]は「福島第一原発事故　国連報告書『福島県健康調査は不十分』」となっている。ＵＮＳＣＥＡＲの報告を「読売新聞」は「被曝と『無関係』……福島の甲状腺がん患者数」という見出し[10]で報じている。内容は、前者が日本政府の対応は不十分で、日本の法律が定めているとおり年間被ばく量を一 mSv におさえよと勧告し、後者は年間被ばく量が一〇〇 mSv を超えていないので、うまくコントロールできている、と評価している。

ふたつの立場を日本国内の事例に当てはめると、被ばく被害者や有機水銀被害者一人ひとりに寄り添う医師がいる一方で、被害認定の基準値で被害者を切り捨て社会から隔離し、さらに被害者の間に溝をつくる医師がいることが思い起こさせられる。

なぜ二〇一六年の日本を考えようと思ったのか。それは極めて個人的な理由によっている。三・一一の前の週に僕の食道にガンが見つかっていた。僕のガンは転移もあり、ステージ三の進行ガンで、四月に手術を受けた。手術の前に友人から「ソ連はチェルノブイリから五年で崩壊した。日本は五年後どうなるか、予測し、見届ける必要があるよ」と言われた。これは彼らしい思いやりで、五年を健康で過ごせばガンを克服したことになるので、五年後の日本に思いを馳せ、それを生きがいに生き続けろ、という強いメッセージだ。

旧ソ連でチェルノブイリ事故の際、切り捨てる医師の役割を担った人物、L・A・イリーンは「一九八六年チェルノブイリ事故が生じた。この悲劇によってその当時のシステムでは解決できなかった問題が明らかとなった」と書いている。[11] 解決できるようなシステムがどこかに存在するのかどうかは疑わしい。ただ日本がここに記されていることを対岸の火事視せずに、他山の石として少しでも生かしていたならば、と思う。

福島の原子力発電所事故から避難されている方はまだまだ多いし、帰還できるかどうかも不明だ。二〇一五年二月二七日~三月五日現在、一一万九〇七四人の方々が避難生活を強いられている。[12] しかし僕は首都圏にまで事故の影響が避難を必要とするほど及ばなかったために、四月に手術を受けることができた。東京電力の柏崎刈羽原子力発電所は、二〇〇七年の新潟県中越沖地震で震度六強の揺れにみまわれ、中央制御室のドアを開けることができずしばらくの間機能しない状態となり、また自前の消防設備では対応不可能な火災が発生した。それを契機に東電は揺れに耐えて計器類を監視できる施設として免震重要棟を建設した。そして柏崎刈羽では二〇一〇年一月に運用を開始し、福島第一および第二では同年七月に運用がはじまった。運用から八ヵ月少し経過したところで、その存在意義が示されることになった。これは日本社会でときに言われる、現場は優秀だが、本社は無能の一例かもしれない。それは二〇一四年になって「朝日新聞」のスクープを受けて公開された、福島第一の吉田昌郎所長（事故当時）の政府事故調査委員会の聞き取りに答えた文書を読んでも感じることだ。もし免震重要棟が福島に設けられていなかったら、僕は四月に手術を受けることはできなかっただろう。

日本の原子力開発のアキレス腱は地震

日本における原子力開発が一九五四年春、当時改進党の代議士だった中曽根康弘らが提出したその年の本予算への修正によって、新たに組み込まれた原子力予算にまで遡ることはよく知られている。この予算を実現した修正提案は衆議院では三月三日に提出され翌四日に成立した。当然審議らしい審議は行われなかった。委員会採決について中曽根はこう回想している。(13)「改進党が賛成するかしないかで決まる……自由党は困ったが……採決直前だったから、もう呑まざるを得ないというわけで、あれよあれよという間に通ってしまった」。

原子力開発の問題が国会で参考人などを呼んで審議されるのはそれから約一ヵ月後、三月三〇日、「ビキニ被爆事件に関する件」が参議院の厚生・外務・文部・水産連合委員会で議論されたときだ。この日の連合委員会には参考人として、議事録によれば、東京教育大学理学部教授の朝長振一郎、立教大学理学部教授の竹谷三男、それに東京大学医学部教授の中泉正徳が出席し証言している。

このうち朝長は一九六六年にノーベル物理学賞を受ける朝永であり、また竹谷はその年に『死の灰』（岩波新書）を、後に『原子力発電』（岩波新書一九七六年）を発表する武谷だ。議事録で氏名に誤りのない中泉は一九五六年から六四年まで原爆傷害調査委員会（ＡＢＣＣ）の準所長を務めた。ＡＢＣＣは一九四六年に米国で設立された機関で、広島・長崎の原爆被ばく者への放射線の効果を調査するための組織で、一九七五年まで米国原子力委員会（ＡＥＣ）の資金で運営された。所長は米国人が務め、準所長は日本人研究者のトップが当たっていた。一九七五年以降は運営資金を日米が折半で負担し、名称も放射線影響研究所となった。この組織の目的は被ばくの効果調査であり、治療は行わない。

連合委員会で朝永は、北大医学部教授を務めた改進党の参議院議員、有馬英二から原子力予算に関連した質問を受けこう答えている。[14]

日本などは地震があるので、地震のあるとき……七輪の火でも消して逃げないと大変なことになるのでありますが、原子炉をうっかりそのままにして逃げることもできない。そういう日本に特殊な問題もございますし、こういうふうなことを十分考えた上に、お金を出して頂くなら非常に有難いのでございますけれども、これから考えようとしている最中に、さあ原子炉を作れと言ってお金を出して頂いても、果して有効に使えるかどうか、まあ非常に心配で……

いわゆる原子力予算が唐突に提案されたことに日本の学界は驚き、反発した。日本学術会議は、原子力の研究も大事だが時期尚早であり、その予算は研究経費が不足している原子核研究所（核研）にまわしてもらいたい、と国会に申し入れをしていた[15]。核研の目的はサイクロトロンなどの加速器を使って原子を構成する原子核の構造や核を構成する素粒子などの研究で、原子炉などを利用する核エネルギー研究・開発とは無縁の研究機関だった。

原子力エネルギーへの期待から生まれたマンガ「アトム大使」（「鉄腕アトム」の母体）の連載は一九五一年からはじまっており、原子力予算が国会に提案された三月はじめ、原爆被ばく国日本で原子力研究に反対する声は小さかった。その意味では唐突ではないのだが、研究者の集団である日本学術会議は一九五二年秋の第一三回総会で、政府に原子力委員会設置を求めるという茅・伏見提案を、占領軍に禁止されていた核兵器開発につながりかねない研究は再開すべきではないという主張に支持が集まり、反対多数で退けていた。茅は一九五四年に日本学術会議会長そして五七年に東京大学総長となる茅誠司であり、伏見は当時名大教授で、七七年に日本学術会議会長、八三年から参議院議員となる伏見康治だ。

敗戦後の日本で広島・長崎の被ばくの深刻さが広く理解されるようになるきっかけは、原子力予算の年の一九五四年三月、ビキニ環礁での静岡の漁船、第五福竜丸の乗組員の被ばくだった。それを受けて参議院で連合委員会が開催され、そこで原子力予算の問題も議論されたのだった。漁船の被ばくは三月一日、焼津港への帰港が一四日、漁船員が「死の灰」を浴びたことを全国に報じた「読売新聞」のスクープが出たのが一六日だった。その記事の見出しには「『死の灰』つけ遊び回る」という文句が見られる。当初、多くの国民にとってこの事件は、太平洋のマグロは死の灰を浴びたため食べることができなくなったことを意味した。しかし次第に、死の灰を含んだ、放射能汚染された雨が全国に降り、一人ひとりが被ばく者となることで、核兵器廃絶の意識が強まり、反核の運動が高まった。翌五五年八月広島で原水爆禁止世界大会が開催され、翌月日本原水協が発足した。それ以前、一九五〇年三月には、核兵器の使用は戦争犯罪であるとして、その全廃を求めたストックホルム・アピールが発表になり、日本でも学習院院長の安倍能成や文学者の川端康成など、一年間に六〇万人以上が署名はしていた。しかし誰もが、大人も子供も、放射線被ばくの悲惨さを理解し、被ばく被害に共感するようになったのは第五福竜丸事件の後だった。その共感の広がりが、被ばく被害を表現した「水爆大怪獣映画」の主人公、ゴジラを生み出し、有名なキャラクターとした。

朝永の地震への懸念を表明した発言の背景には、理念的な懸念と実利的なそれとがあった。理念的懸念は核エネルギーの「平和的」利用は歓迎だが、原爆などの兵器としての使用、悪用にどう歯止めをかけるかの方策なしに原子力研究を進めることへの危機感があった。日本学術会議はその年四月の第一七回総会で、原子力研究においては「公開、民主、自主」の三原則を守るべきことを決議していた。三原則はその後、原子力基本法にとり入れられた。実利的な懸念は、限られた科学技術予算が、原子力の研究開発という金食い虫に食い荒らされ、それ以外の分野が割りを食うのではないかという恐れだった。

世界的孤立と地震予知研究

原子力も小規模な研究のうちは地震の問題は致命的ではない。しかし商業利用が可能となるほどの大きな規模となると地震さらには津波の問題を避けて通ることはできない。これは国民の安全や安心に直結する問題だ。この問題をどう乗り越えていくかを判断するには、最初に乗り越えることが可能かどうか、次いで可能だとしたらどうしたら実現できるか、となるはずだ。しかし実際にはその判断のプロセスを経ずに、強固な建造物によって地震のダメージを跳ね返すという策がとられてきた。日本で最初に商用発電炉として英国から導入されたコールダーホール炉は、一九五八年に正式契約をし、六〇年に建設工事がはじまり、六五年に発電を開始した。しかし、導入を決める前、一九五六年一〇月、その炉その他の調査のために「訪英原子力発電調査団」(いわゆる石川調査団)が派遣された。調査の結果、英国では地震の問題を考える必要がなく、その構造が地震に弱いことが分かった。それでも導入に走りはじめた計画は見直されることなく、先に進み、減速材である黒鉛の形状を変えるなど耐震対応に追われた。契約キャンセルも可能だったはずだが、その道はとらず、ひたすら導入を実現するための諸方策がとられた。[16]これは後の、原子力発電所の建設でも、候補地を決めると、そこに断層があろうがなかろうが、とにかく建てる、というやり方のルーツだ。

地震予知の研究が進み予知が実現可能であったとしても、三・一一によるフクシマの被害をどれほど防ぐことができただろうかと思う。それは当時分解点検中だった福島第一の四号機も電源を喪失し、使用済み核燃料プールに保管していた核燃料が危機的な状況に陥った事実から思うことだ。当初、原子力と関連があったかどうかは不明だが、地震予知の研究は国家プロジェクトとして一九六五年から進められた。このプロジェクトは一九六二年一月に地震研究者たちがまとめた文書「地震予知――現状とその推進計画[17]」（以下ではブループリントと略記）に基づいたものだった。日本の地震研究者が地震予知問題に関心を深めていたこの時期、世界的には従来地味な研究領域だった地震学に注目が集まっていた時代だった。それは一九六三年に部分的核実験禁止条約（ＰＴＢＴ）が締結され、その条約で唯一許されていた核実験、地下核実験の探知技術としての地震観測技術に関心が集まっていたためだ。さらにこのころ北海油田では人工地震を起こし、その地震波を観測して地下の構造を調べる地震探査の方法が採用され成果を上げていた。しかし日本の地震学界はこれらの流れの埒外にあった。世界最初の地震学会は明治期の日本で組織されたが、一九六〇年代には日本の地震学界は、後に携帯電話で言われるガラパゴス化がはじまっていた、と見るべきかもしれない。さらに世界的には六〇年代に入って二〇世紀初頭に起原をもつプレートテクトニクス（プレート理論）の正しさが立証されつつあり、六〇年代半ば過ぎに科学理論として市民権を得た。したがってブループリントはプレート理論とは独立に準備された。その結果ブループリントによる地震予知は、地球科学の体系の中で地震を位置付けるのではなく、地震に関係のありそうな現象を寄せ集め、それを手探りで、手当り次第に結びつけて考察するという、パッチワークであることを余儀なくされた。

日本の地震学が世界的に孤立して見える理由は少なくともふたつある。ひとつはブループリントの記述であり、もうひとつは一九六六年および七二年に安芸敬一および金森博雄という、後に米国の、そして世界の地震学を牽引する地震研究者の米国への流出だ。一九五七年のスプートニクショック以降こうした米国への頭脳流出は珍しいことではなかった。地震学の研究者の場合、米国で地下核実験探知のためのベラ・ユニフォーム計画が推進され、研究機関の地震関係の予算が増え、スタッフの充実が図られたという側面もこの頭脳引き抜き・受け入れを後押ししただろう。

二人の功績のひとつは地震の規模をより定量的に把握するための、地震モーメントおよびモーメントマグニチュード利用に道をつけたことだ。前者は一九六〇年代の安芸の業績であり[18]、後者は一九七七年の金森の業績だ[19]。もうひとつの貢献は強い地震発生のメカニズムとして岩盤が破壊される際の、バリアー（障害部分）およびアスペリティ（促進部分）に着目し、地震発生のモデル構築の手がかりを明示したことだ。バリアーの考え方は一九七七年に安芸らが[20]、アスペリティは八三年に金森らが提案した(21)。現在では、東日本大震災のような巨大地震についてはバリアーとアスペリティとを組み合わせたモデルでの解明が主流となっている。

気象庁は三・一一の揺れについてはじめマグニチュード七・九とし、後に八・四と評価したが、最終的には九とした。マグニチュードを九としたことは、気象庁が従来使用していた単位（気象庁マグニチュード）ではなく別の、米国などで一般的なモーメントマグニチュードを使ったことを意味する。気象庁マグニチュードでは最大値が八の後半で、一定以上の揺れはすべて八・五程度となってしまう。

日本が地震国でどの地域に住んでいても大きな地震への備えが必要なことは分かっていた。しかし、二〇〇四年のスマトラ沖地震のようなマグニチュード九を超える巨大地震が日本を襲うとは多くの人々にとって予想外だった。そんな大きな地震はこないだろうという根拠は日本ではマグニチュード九に迫る地震は一七〇七年の宝永地震くらいしか記録になかったことによる。また世界的に見ても、マグニチュード九を超える地震は二〇世紀の百年間に一九五二年のカムチャツカ地震、五七年のアリューシャン列島地震、六〇年のチリ地震、六四年のアラスカ地震の四回だ。ところが二一世紀になると、〇四年のスマトラ沖地震、そして一一年の東日本大震災と立て続けに起きている。

現在気象庁が地震の大きさを速報する際に使っている尺度はマグニチュード（magnitude で、本来の意味は「大きさ」）だが、これはより詳しく言えば、リヒター式マグニチュードと呼ばれる

表-1：大地震の大きさおよび尺度の比較

発生年	地震名	リヒター式	地震モーメント	モーメントマグニチュード
1944	東南海	8.0	15	8.1
1946	南海道	8.2	15	8.1
1960	チリ	8.3	2000	9.5
1968	十勝沖	7.9	28	8.2

一九三五年に発表されたものの一種だ。この尺度は発生した地震波の観測に基づいており、発生からほとんど間を置かずに地震の大きさを示すことができるが、日盛りが八・五までしかないという弱点がある。

ではどうして東日本大震災の大きさをマグニチュード九と言えるのか。それは一九六〇年代になって、地震のエネルギー、つまりその大きさをより正確に見積もる方法として地震モーメントという尺度が導入されるようになったことにある。地震モーメントは地震を起こした断層付近の岩盤の剛性率、ズレた断層の面積、それに平均スベリ量、これらを掛け合わすことで得られる。ところが地震モーメントだと大きな地震では桁数が大きくなり、従来のマグニチュードのように直感的に理解することが困難だった。そこで一九七七年になって金森博雄がモーメントマグニチュードという尺度を提案した。

モーメントマグニチュードも地震のエネルギーを見積もるのに剛性率、断層の面積、それに平均スベリ量を基にしているが、その結果は従来のリヒター式と同じような数値で表される。現在では、速報ではリヒター式の見積もりが発表されるが、各地の地震計のデータが集まり、先の三つの要素が分かってくると、モーメントマグニチュードの計算が行われ、それが発表されることになる。この計算のため、確定値が出るまで何日もかかることもある。

三つの地震の大きさの尺度の相関を表1-1にまとめておく。[22] 表1-1で分かることは、モーメントマグニチュードが〇・二大きくなると、地震の大きさは二倍になるということだ。

ブループリントの緒言にはこうある。[23]「日本における地震研究は、諸外国に比べてはるかに盛んであり、またすぐれているところが多く、且つ豊富な資料に基いている」。予知の前提としているのは、地震は地殻の変動によるものであるから、地殻の状況を全国規模で精確に捉えることだった。ブループリントはバリアーやアスペリティなどの概念に基づく、地震は岩盤の単なる変動ではなく、再現性のない破壊であるという点についての考察や想像力を欠いている。さらに地震規模の上限の大地震をリヒター式マグニチュード七を超すものとし、七・九だった関東大震災を想定していたように思える。リヒター式の場合、マグニチュードの上限は八・五である。安芸や金森のような地震の規模を数値的により的確につかむ視点を欠いている。ちなみに東日本大震災はリヒター式だと八・四で、モーメントマグニチュードだと九・〇だ。

ブループリントは地震予知実用化が可能かどうかを一〇年ほどかけて見極めたいということでまとめられた。そして当時何ができるかを考えて、何を測定すべきか広く具体的な提案をしている。しかし、今から見ると、地震発生、特に巨大地震発生のメカニズムについての視野が感じられず、小手先でなんとか状況を打開したいという日本の地震学の行き詰まりを感じる。その結果として、後に島村英紀にこう批判されることになる。[24]

地震の研究は、地球を研究することと一体になった「科学」でないかぎりは進められない段階になっていることである。前兆をとらえて地震予知をする「技術」だけを目指した幅の狭い科学が失敗したのは、ここに問題があった。

ブループリントから島村の批判までの間には、三六年の歳月が流れている。その間に、地球を研究して達成された成果が、安芸や金森の業績であり、また地下核実験探知の技術や油田探査の知見が、地震のメカニズムの理解を深めた。しかし、それを日本の地震予知プロジェクトは生かすことはなかった。このように振り返ってみると、地震予知プロジェクトはもっと前に中止すべきものだったことは分かる。その意味で冒頭で触れた南海トラフに関する政府の最終報告は今さらの感がある。まさに失われた何十年間かだ。

二〇一一年三月——神話の実態

三・一一、そのとき僕は自宅のテレビで「緊急地震速報」を眺めていた。どこかで地震が起きた、どこだろうと思いながらぼーっとしていた。しかしどのくらいしてからだっただろうか、一〇秒後ぐらいか、激しい揺れが来た。いつもと違い揺れている時間が長く、止まるのだろうか、という恐怖に襲われた。よほど近いところが震源かと思ったが、緊急地震速報から揺れが来るまである程度時間があったので、相当大きな地震が離れたところで発生したことは分かった。

自宅は停電になることもなかったので、そのままテレビをつけていた。それまでどんな番組を見ていたかは忘れたが、すぐに地震関連のプログラムがはじまった。しばらくすると津波が街を襲う映像が流れ、暗くなってくると大きな火事の発生が伝えられた。それからしばらくしてからだった、福島の原子力発電所は地震で停止したが、電源が失われた、というニュースが流れた。電源が失われても、緊急の電源が作動して緊急炉心冷却装置は動くはずだと思っていたが、どうもそうではなく、電源喪失は冷却停止を意味していることが次第に分かってきた。

これは後で知ったことだが、地震から五時間以上経過した、二〇時六分に大学時代物理学科の同級で元慶応大学教員の藤田祐幸がフジテレビの電話取材に対して「メルトダウンの状態にはいっているのではないか、ということを大変心配しております」と発言していた[25]。それに対してネット上にすぐに「フジテレビが原発メルトダウンとデマ報道」といったサイトができた。このスレッドを立ち上げた人の投稿だろうか、二一時九分に行われた最初の書き込みはこうだ。「わざわざ藤田祐幸とかいうキチガイ呼んで不安あおって悪質すぎる[26]」。このあとこのサイトでは藤田は反原子力発電の人間であり、デマをまき散らしている、というバッシングが展開されている。

しかし　藤田の発言後、福島第一原子力発電所は彼の予測通りの経過をたどった。彼のメルトダウンを心配する発言はそう先見性があるわけでも、ましてや不安をあおるためでもなかった。

一九七九年の米国スリーマイル島（ＴＭＩ）事故の経緯を知る人ならだれでもその危険性を考えたはずだ。ＴＭＩでは現地時間の午前四時ころ冷却のための給水が止まり、炉心の多くが空気中にむき出しとなり、四時間ほど空焚状態となり八時にはメルトダウンが起きていた。[27] 彼の発言はこの事実を踏まえてのもので、何ら奇をてらったものではなく、事実に基づいたものだ。彼は原子力発電を知る科学者として当たり前のコメントをしただけだ。その指摘を、根拠もなく、自分の心の安定・平穏を守るために「デマ」と決めつけ、それをネットに匿名でまき散らす人がいる。これが「原発安全神話」の、三・一一当時の現実だ。これは庶民と呼ばれる、新聞やテレビの報道を通じて社会の動きを知る人々の現実だが、報道する側も大差がなかった。三月一一日から少なくとも一週間以上、ＮＨＫテレビのニュースはいわゆる原子力ムラの大学教員をコメンテーターに招き、「大丈夫」という根拠のない彼らの願望を流し続けていた。「専門家」による根拠のない願望はデマ以上に人を惑わし、欺くという意味で、より罪深い。

三月一一日から二ヵ月以上たった五月一六日、フジサンケイグループの「夕刊フジ」はこう伝えた。[28]

東電が明かした新情報はあまりに衝撃的だった。地震から約五時間後の三月一一日午後七時半。一号機ではすでに燃料の損傷がはじまり、午後九時ごろには、炉心の最高温度が燃料本体が溶ける二八〇〇度に達し、一二日午前六時ごろには大部分の燃料が原子炉圧力容器の底に溶け落ちていた。

これは東京電力が落下した燃料が底を突き抜け、メルトスルーとなった可能性があることを当初から認識していたということだ。この記事のポイントは、住民避難の判断に欠かせない事実を東京電力および原子力保安院（今の原子力規制庁の前身）が隠してきたという点にあり、この記事はこう終わっている。「東電、保安院の説明は真に受けられない。これだけは確かなようだ」。

「夕刊フジ」がダマされたと思うには伏線があった。同紙は地震から一週間経った三月一八日に「首都圏脱出の必要なし」という記事で「福島第一は核分裂反応が地震で自動停止したあとの、いわば余熱による燃料棒の一部溶融……チェルノブイリでは高レベル放射性物質の全面的飛散が起きたが、福島では部分的飛散」と書いていた。[29] この記事が「希望的願望」に基づく観測記事でしかなかったことが二ヵ月後明らかとなった。その期待が裏切られたことが怒りに満ちた記事につながったのだろう。一八日の記事を読んで、脱出しようかどうしようか迷っていて、思い止まった人がいたとすれば、その怒りはこんなものでは済まないだろう。

期待が裏切られ、怒りが生れる背景は、日本の原子力発電所は「安全」で少々のことではびくともしない、という信頼・願望があった。それが裏切られたのだから怒りが込み上げてくるのは誰にでもあることだろう。メルトダウンの可能性を指摘した藤田の発言へのネット上での攻撃は、安全だと信じたい期待・願いを突き崩す彼および彼の発言に対する嫌悪感故であろう。しかし、報道に

表-2：原子力災害対策特別措置法に基づく避難指示

避難指示日時（3月）	指示内容（指示者）
11日20時50分	半径2km圏内（福島県）
11日21時23分	半径3km圏内（3～10km屋内退避）（政府）
12日 5時44分	半径10km圏内（政府）
12日18時25分	半径20km圏内（政府）

備考：12日15時36分に1号機で水素爆発

携わる人や機関までが、報道によって社会の動きを知る人々と同じように原子力発電の安全神話を信じていたと思うと、驚きだ。

三・一一当日、藤田バッシングのスレッドの二三番目（二一時一八分）には次の書き込みがある。「メルトダウンと言ったのはこの藤田氏だけと思う。元々反原発の立場の人らしいので、自分の主張を入れただけと安心したい所ではあるが……」。ずいぶんと冷静な人だ。「夕刊フジ」の三月一八日の記事を書いた記者よりはるかに分別がある。

分別ある不安を記した二三番目の書き込みの五分後、一一日二一時二三分、政府は最初の避難指示を出した（表－2参照）。原子力発電所のサイトから半径三km圏内の住民に避難を求めた。その指示の基となった法律、原子力災害対策特別措置法（以下では原災法と略記）は一九九九年に制定されていた。政府の避難指示はその後断続的に出され、翌日の一八時二五分には半径二〇km圏内の住民が対象となった。この約三時間前に福島第一原子力発電所の一号機が水素爆発を起こしていた。

三・一一で日本政府が避難地域として指定したのは最終的には福

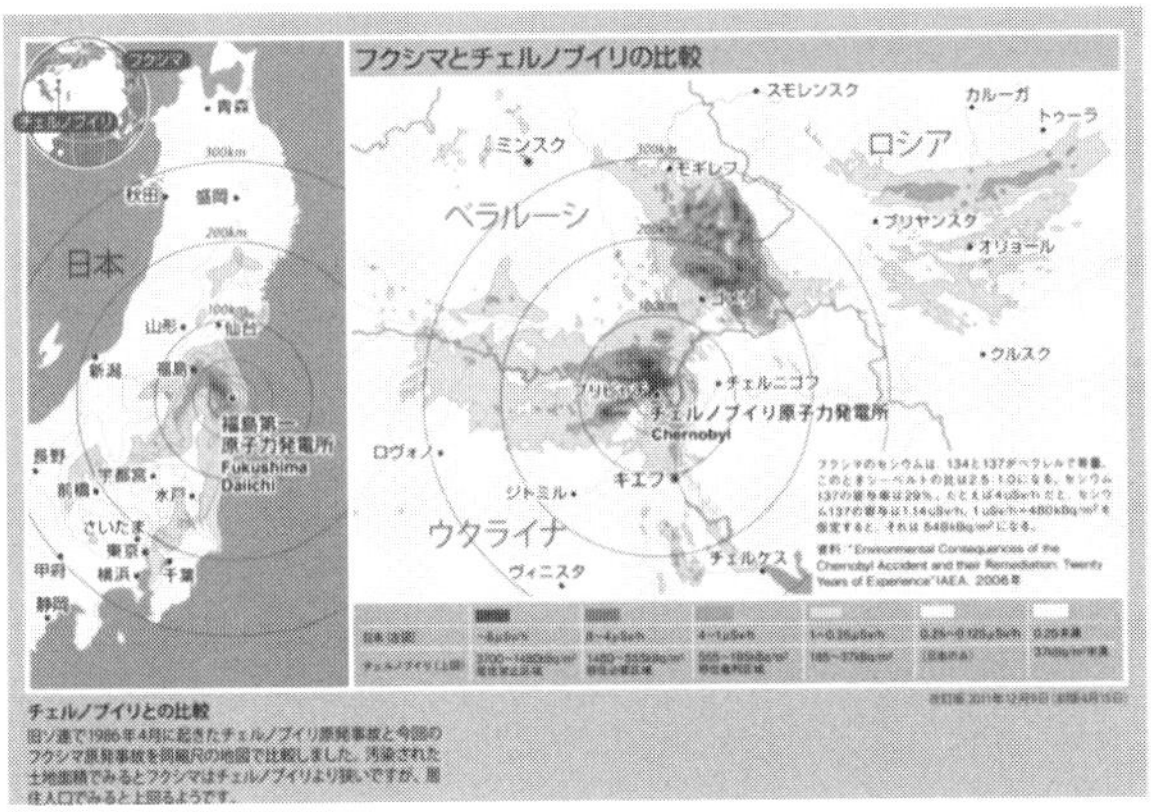

図–1：群馬大学早川由起夫教授による 2011 年 9 月段階のセシウム 134 と 137 汚染地図
東京や前橋など 200km圏にまで及んでいる汚染レベルは 1 ～ 0.25 μ Sv/h、185 ～ 37kBq/㎡（日本人 1 人当たりの年間実効線量は、3.75mSv/ 年。内訳は、自然放射線や飛行機など公衆被ばく約 1.5mSv/ 年 , 医療被ばく 2.25mSv/ 年等）。これを時間当たりにすると、1 年 =365 日 24 時間 =8,760 時間なので、3.75［mSv/year］/8,760［h/year］=0.00043mSv/h=0.43 μ Sv/h）[31]

島県内の三〇km圏内に限られていたが、汚染はその地域に限定されていたわけではない。群馬大学の早川由起夫教授が作成した汚染地図（図－1）によれば、チェルノブイリの際の汚染の広がりと比べればより狭く、また濃度も低い地域が多いが、汚染は首都圏にまで及んだ[30]。広がりは狭いがそこに住む人の数は日本の方が多い。教授の汚染地図は放射性物質のうちセシウム一三四と一三七についてのものだが、放射性物質はこのふたつ以外にもあり、首都圏でも平均的日本人が受ける放射線の少なくとも二倍ほどを受けた地域があることが分かる。

汚染拡散予測――SPEEDI

早川は汚染地図作製で文科省などのデータを利用している。文科省では三・一一以前から日本国内の放射線量の測定を行っていた。その測定結果が放射線量の平常値、あるいはバックグラウンドの値となる。それがあるから、原子力施設で事故が起きたとき、その地の放射線量が異常なのか、平常値の範囲内なのかが判断できる。原子力事故の際、そうした判断をシステマティックに行うのが緊急時迅速放射能影響予測ネットワークシステム（ＳＰＥＥＤＩ）である。これは一九七九年のＴＭＩの原子力発電所事故以降、核事故の被害を減らすための手段として開発がはじまり、一九八五年に運用開始となった。このシステムは二〇〇八年、日本原子力学会の第一回「原子力歴史構築賞」を受けている。

ＳＰＥＥＤＩの運用を担当している文科省原子力安全課原子力防災ネットワークはＳＰＥＥＤＩをこう説明している[32]。

原子力施設から大量の放射性物質が放出されたり、あるいはそのおそれがあるという緊急時に、周辺環境における放射性物質の大気中濃度及び周辺住民の被ばく線量などを、放出源情報、気象条件及び地形データをもとに迅速に予測するシステムである……国、地方自治体はＳＰＥＥＤＩネットワークシステムが予測した情報により、周辺住民のための防護対策の検討を迅速に行うことができる。

政府の「防災基本計画」では、「文部科学省が、ＳＰＥＥＤＩを平常時から適切に整備、維持するとともに、オフサイトセンターへの接続等必要な機能の拡充を図る」[33]としていた。オフサイトセンターは緊急事態応急対策拠点施設と呼ばれ、原子力発電所など原子力施設の事故の際に最前線で対応するための施設と位置付けられていた。しかし三・一一では福島第一原子力発電所のために用意されていたオフサイトセンターは事故現場から五㎞に立地しており、放射能汚染地域であり、使用できなかった。先に触れた免震重要棟がなければ一体どこを拠点に事故対応に当たることができただろうか。

オフサイトセンターはその立地が今回のような深刻な事故を想定していなかったため使えなかった。他方でＳＰＥＥＤＩは、こうした事故の際に避難場所の決定に重要な役割を期待されていたが、これも実際には生かされなかった。国民がＳＰＥＥＤＩの存在を知ったのは三月二三日の内閣官房長官の記者会見を通じてだった[34]。ＳＰＥＥＤＩは三月一二日一五時三六分の一号機の水素爆発直後の、一六時から一七時にかけての放射性物質の拡散予測をしていた（図－２）。それによると死の灰は北北西方向へと流れている。政府は爆発から三時間後に避難指示を半径二〇㎞に広げたことはすでに見た。しかしその指示を出すに際し、ＳＰＥＥＤＩの情報が入っていれば、単に半径二〇㎞圏外という選択ではなく、事故現場から西北あるいは北北西の方角への避難はさける、という選択はあり得ただろう。しかし実際には、住民が避難した方向は、

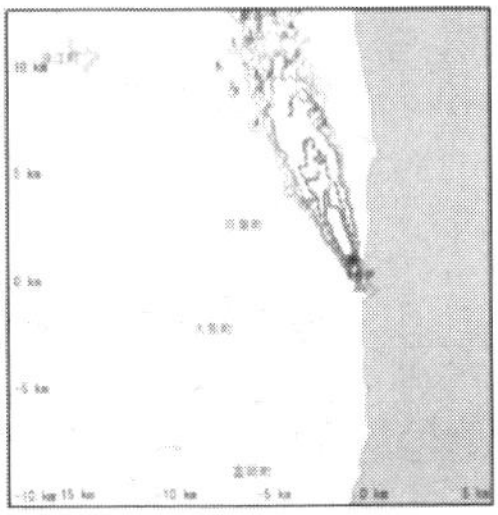

図-2：SPEEDIに基づいた3月12日16～17時（水素爆発後25分から85分後）の放射性物質の拡散予測[35]

ＳＰＥＥＤＩが放射性物質が拡散すると予測した方向だった。

なぜＳＰＥＥＤＩは利用されなかったのか。ＳＰＥＥＤＩが活用されなかった原因のひとつとして文科省は以下の反省をしている[36]。

マニュアル等に記述されていたものとは異なる体制が急遽整えられたことや、他の組織における特性・状況等についての理解が不十分であったことなどを背景として、組織内または組織間のコミュニケーションが必ずしも円滑でなかった面があった。

この反省を踏まえた「二、モニタリング情報の収集・分析・公表は適切に実施されたか」の「今後の改善点」の第二項目の全文は次の通りだ。主語は明記されていないが文科省なのだろう、それ故に省略したものと考えている[37]。

緊急事態にも的確な対応が可能となるよう、リアリティをもったマニュアルになっていなかった反省を踏まえ、地方公共団体や自衛隊は自然災害対応に資源をとられる前提を考慮し、また、海外機関のモニタリングデータも含めて、出来る限り抜け落ちなくモニタリングデータの収集・整理・公表がなされるよう、マニュアルの改定や通信手段の改善を進めるとともに、平時から地方公共団体との意思疎通を強化する。

終わりの方にある、平時という言葉に違和感があるが、それはとにかく「リアリティをもったマニュアル」の作成は必要だろう。しかし三・一一のようなときにはマニュアルで想定していない事態に一人ひとりがどう対応するか／できるかが問われる。大きな災害となれば地方公共団体や自衛隊が文科省の手足として動けるわけがないのだが、そうした応援を前提としたマニュアルしかなかった。SPEEDIの問題を取り上げた日本再建イニシアチブの報告書は「危機対応を目的とした装備の研究・開発にあたっては、緊急時・危機時に直面しうる様々な状況を想定しつつ、実際に使用することを強く意識してなされる必要がある」と指摘している。[38] この指摘は文科省の行動の不十分性は、マニュアルを含めた事前の危機管理（リスクマネジメント）体制が、三・一一のような危機的状況、国際原子力事象評価尺度（INES）で最悪となるレベル七の原子力事故は日本では起きないと思い込んで、準備されていた結果によるものであることを告発している。

二〇一四年一〇月八日、日本の原子力開発がどれほど、机上の空論であったかを示すできごとがSPEEDIをめぐって起きた。第三一回原子力規制委員会は「SPEEDI結果は『緊急時避難の判断には使用しない』方針」を決めた。[39] もっとも日本ではこうした机上の空論の問題は原子力に限ったことではないのかもしれない。

天変地異をどう受け入れてきたか――天罰なのか

地震から三日後、三月一四日、当時の東京都知事、石原慎太郎は震災に対する日本国民の対応について問われこう答えた。「日本人のアイデンティティーは我欲になった。政治もポピュリズムでやっている。津波をうまく利用してだね、我欲を一回洗い落とす必要があるね。積年たまった日本人の心のアカをね。これはやっぱり天罰だと思う[40]」。石原は翌日、「天罰」と述べたことを謝罪し、これらの発言を撤回した。僕は、ああまた石原がとんでもないことを言っているということ以上に、天罰という言葉を吐いた彼の精神構造に興味をそそられた。

そのとき「天は象を垂れ、吉凶をあらわす」という『易経』の一節を思った。『易経』は中国の古典で易の書だ。この文句は、易の基本となる考え方を表している。良いことも悪いことも全て天の、神の思し召しであるが、天はいきなりことをなすことはせず、事前に予告するので、その予告を読み取り、ことに備えるというのが易の基本だ。占星術の場合は、神は何かことを起こすとき予めその意志を、星の配置の変化を通じて人々に暗示するので、それを読取り来るべきことに対応することが基本となる。さらに、神は邪悪な精神の持ち主ではないので、むやみに人々が困るようなことを起こすわけではなく、政治の乱れなど人間社会が悪い方向に向かっているときに「天罰」を与え、警鐘を鳴らすのだと考えられていた。したがって占星術で凶の判断が出た場合、為政者が善政を行う、あるいは人々が悔い改め社会が良い方向に進めば、天は「天罰」を撤回することもある、と信じられていた。

天罰、あるいは神の怒りという考え方は東洋だけではなく、西洋にもあった。哲学者プラトンがその著作の中で、かつてアトランティスという大陸があり、そこには国があったが、軍事力をもって覇権を握ろうとしたことに神、ゼウスが怒り、海に沈められたと書いている。

占星術師によっては、天には凶の様相が現れていると予測して、その見立てが外れた場合、政治が良い、あるいは改善されたから天は天罰の実行を延期された、あるいは撤回されたと言い訳をするだろう。この言い訳は、為政者にとっては「善政」のお墨付きを得たことになる。よこしまな占星術師だとこの仕組みを利用して、悪い予測を出し、外れることで為政者の統治を持ち上げ、権力者のお気に入りとなる道を歩むこともあったかもしれない。為政者の政治が悪くて、それに起因する天罰で庶民が痛い目を見るというのは不合理だが、それが封建制という社会的制度なのだろうか、とも思う。

政治が悪くて、賄賂をせしめた役人が監督した建設工事では、賄賂分だけ手抜き作業や材料費の削減が行われるだろう。そうした建物や橋はちょっとした台風や地震で倒壊あるいは崩落する確率は高くなる。したがって経験則として、政治が悪いと天災が起きる、といった言い方があった。本当は賄賂をとる政治が生み出した欠陥建造物が壊れるのだから人災なのだが、それを天災、すなわち天罰とごまかしていたわけだ。天罰という考え方は、為政者も庶民も一緒に天から罰を受ける、という意味で権力者には都合が良かったのだろう。

石原は「天罰」発言の謝罪と撤回の記者会見で「被災者、都民、国民の皆様を深く傷つけた[41]」と述べている。石原が無神経な発言を謝罪し撤回したことは当然として、二一世紀に生きる政治家として、地震や津波という天変地異を「天罰」と捉える、古色蒼然たる精神構造はどうなっているのだろうと訝しく思う。巨大地震が天罰とすれば、その予知は星占いや八卦に頼ることになる。

大規模地震対策特別措置法——戒厳令

一九七八年、東海地震の予知は可能という前提で、大規模地震対策特別措置法（以下では大震法と略記）が制定された。大震法によれば、気象庁が地震研究者を集めて組織している東海地震についての判定会が「東海地震予知情報」を出すと、内閣は警戒宣言を発し、直ちに「強化地域」内の鉄道やバスの運行が止められ、住民の自主的な移動も禁止される。東海地震の強化地域は「東海地震に係る地震防災対策強化地域」と呼ばれ、その範囲は東は神奈川県から西は三重県にまで及び、北は長野県の一部、南は東京都の新島・三宅島にまで広がる広い地域だ。この広い範囲には静岡県は全部が入り、愛知県も名古屋市など大部分が含まれる。そこには日本の人口の一割を超える一二〇〇万人以上が住んでいる。

警戒宣言が出ると東海道ベルト地帯とも言われ、産業活動が活発に展開され、東海道新幹線も通っている地域の活動が全面的に停止する。鉄道は止まり、道路も緊急車両以外は通れず、生産活動も銀行などの経済活動も止まり、また学校も休校になる。警戒宣言が出たとき強化地域内にいた人々は誰もが、たとえ徒歩ででも強化地域外への避難は、地震で道路が陥没するなどの可能性を考

える と困難で、どこか安全と思える場所にとどまることになる。いわば東海道ベルト地帯に戒厳令が敷かれたような状態になる。そうした中で人々は地震の発生を待つ。

しかし警戒宣言が出たからといって一週間程度で必ず大きな地震が発生するわけではない。空振りに終わることもある。しかし日本中どこでも、数十年、数百年先には大きな地震が来る、と誰もが覚悟している。一ヵ月地震の発生がなくても、判定会が地震の前兆と捉えた地殻の状況に変化がなければ、警戒宣言の撤回はできないだろう。こうした状況に人々はどれほど耐えられるだろうか。

二〇一三年一月八日、「毎日新聞」は以下の見出しの記事を出した。(42)「〈猪瀬知事〉気象庁を批判『大雪』予報外れ」。以下は記事の一部だ。

六日に首都圏が大雪になるとした気象庁の予報について、東京都の猪瀬直樹知事は八日の定例記者会見で「(気象庁は)『大雪になる』と言っておけば文句は言われないということじゃないか。心理的にぶれたと思う」と述べ、大雪になった成人の日(一月一四日)の予報を外したため、その後は積雪を過剰に見積もったとの見方を示した……会見で猪瀬知事は「(気象庁は積雪を)多めに言ったと思っている。二度も続けて外れるのはおかしい」と指摘。過剰な予測とする根拠として「個人的だが(前日の)深夜に空を見ても雪が降る気配が全くなかった。気温も下がらなかった」と述べた。

この発言が庶民であれば、古い言い方だと「下種の勘繰り」で誰もが考えることで、多くの人が口にしておりニュースにはならない。しかし都知事がこうした庶民的なことを発言したのでニュースになった。この発言から一〇ヵ月後、二〇一三年一二月、猪瀬は医療法人からの金についてはこうした率直というか、庶民にとって分かりやすい説明をしないまま都知事のポストを去った。

実際に東海地震の発生を予知できるかどうかは別にして、判定会の地震研究者たちは、知事という公職にある人のこうした発言をどう考えるだろう。こうした批判があってもなくても、地震の研究者は科学者として生きるのであれば、自分の研究結果に基づいて、予測結果を公表するだろう。

伊では地震の発生の可能性を過小評価したことで、研究者が告訴され、有罪判決を受けた。二〇一二年一〇月二二日、伊の地方裁判所は地震研究者と行政担当者に求刑を上回る禁固六年の実刑判決を下した。理由は、二〇〇九年四月六日に伊中部の都市ラクイラが地震にみまわれ、建物崩壊などで三〇〇人以上の死者が出たが、行政も研究者もそれまで四ヵ月間、群発地震が続いていたにもかかわらず、差し迫った「地震の危険性を知らせなかった」ということだった。地震発生前、行政はむやみに外に出ず、自宅にとどまるように指示していた。二〇一四年一一月一〇日、控訴審判決が出て、研究者は「証拠不十分」で無罪、行政担当者は有罪だが減刑された。

この件を伝えたNatureは、担当の検察官は判決の一年前に「私は狂っていない。地震予知ができないことは知っている」と同誌の編集者に語っていたと書いている。[43] ということは長年地震予知に国家予算を配分してきた日本政府は「狂って」いるのか、それとも納税者は「詐欺」の餌食になっていたのか。

科学界では判決前からNatureが取材をしていることが示しているようにこの問題に関心が深かった。地震予知の情報混乱で科学者が起訴されるということが科学界にとっては意外なことだった。さらに有罪となったことで、今度は科学界だけではなく一般のマスコミも関心を示し、日本でも報道された。報道のされ方だが、もし三・一一がなければ、伊は変な国だ、というトーンになったのではないかと思う。しかし三・一一の後になると、福島原子力発電所事故の責任は誰がどう取るのかを意識した、この件を他山の石と例えることが適切かどうかは分からないが、少なくとも対岸の火事と見るのではなく、なんらかの教訓を汲み取りたいという雰囲気が生まれた。

日本の地震研究者が伊の例を教訓とするなら、彼らにとって無難なのは、権力に取り入ろうとした占星術師と同じく、少しでも気がかりだったら庶民の下種の勘繰りなど気にせず「東海地震予知情報」をどんどん出すことだろう。その情報が空振りだと数ヵ月あるいは数年後に分かった場合、非難は受けるだろうが、それは甘んじて受ければ良いのだ。科学的予測は的中する確率は高いが、外れる確率も決してゼロではないのだ。

神話は二〇一一年三月一一日以前から破綻していた

原子力安全の神話も、地震予知が可能という神話も、どちらも三・一一までに破綻していた。それを示すのが原災法であり、最初の「正常化……」で言及した「東海地震大綱」それに「東南海・南海地震に係る地震防災対策の推進に関する特別措置法」の存在だ。

原災法が制定される一九九九年まで、日本には原子力災害を想定した法律はなかった。それは原子力事業は安全で、事故による災害など起きないという建前で、かつ災害を想定した法律を作成すれば、危険なのかと言われ、原子力発電所などの施設の建設がやりにくくなると、政府も原子力事業者も考えていたためだ。そんな思惑を吹き飛ばしたのが、二名の作業員が死亡した、事故レベル四とされている住友金属鉱山が一〇〇％出資したウラン加工施設、株式会社ジェー・シー・オー（二〇〇三年ウラン事業断念、以下ではＪＣＯと略記）の臨界事故だった。事故が起きたのは一九九九年九月三〇日朝、場所は東海村にあったＪＣＯだった。事故は翌朝早くに決死隊の働きで、発生から二〇時間後に終息した。核分裂を続けたウラン燃料は全部で一㎎ほどだったが、放射線の広がりは企業の敷地内にとどまらず、周辺にまで及んだ。「東海村の各所に設置された放射線のモニターは、通常の二〇～三〇倍を記録し」ていた。[44]つまり住民もこの事故で放出された放射線を浴びた。この事故を受けて急遽制定されたのが原災法だった。

地震予知は無理である、東海地震の予知も無理である、ということで二〇〇三年に作成されたのが東海地震大綱だ。その引き金となったのが一九九五年の阪神淡路大震災だった。この地震の大きさはモーメントマグニチュードで七・三とされている。このときも全くの不意打ちで、まさか関西でという思いだった。この地震がきっかけとなり、たとえ予知ができない場合でも被害を少なくするためということで、事前の防災対策に重点を置いた施策として東南海・南海地震を想定した特措法が制定された。

神話は一〇年以上前にほころびを示していたが、それを僕も含めて多くの人が見過ごしてきた。これは神話の根深さを示すものでもあるだろうし、僕たち自身がそうした「安心感(=根拠なき信頼)」を求めているということでもあるだろう。

国策と神話

原子力発電安全神話の深まり――電源三法からスリーマイル島事故まで

日本の原子力発電は安全、という神話の存在が国会の場ではじめて指摘されたのは一九七三年八月二九日だった。この日衆議院の特別委員会に、「原子炉の設置に係る公聴会制度に関する問題等調査のため」の審議に参考人として呼ばれた大阪大学の久米三四郎講師はこう指摘した。[45]「日本はそれは安全であるとして導入しておるというこの現状は、私たち原発にかかわっておる者にとってはとても信じられないことでありまして、何か原発に対する迷信といいますか神話が、皆さん方も含めてあるのではないか」。国会も政府もこの指摘を顧みることなく、その年秋の石油ショックもあり原子力発電推進に向けてひた走ることになる。当時は田中角栄の内閣で、原子力発電を所管する通産大臣は中曽根康弘だった。

久米の指摘から半年ほど後の一九七四年二月、原子力発電所建設を後押しするための三つの法律、いわゆる電源三法が国会に提出され、六月はじめに成立した。田中の地元に建設された柏崎刈羽原子力発電所も三法の恩恵を受けることになった。

それから五年、一九七九年三月末に、米国のＴＭＩ原子力発電所でレベル五の事故が起きた。大平内閣の時代だった。事故発生から数時間で冷却水の供給が止まり、炉心の核燃料棒の半分ほどが崩壊し溶けた、つまりメルトダウンを起こした。(46) 米国ではその後三三年間、二〇一二年二月になるまで原子力発電所の設置認可が出なかった。ＴＭＩ事故は米国にとって原子力発電所の建設を三三年にわたって止めるほどの衝撃だった。しかし日本では、高木仁三郎のような人以外は衝撃を受けなかった。それでも事故から数日後の四月二日、第八七国会の参議院予算委員会でこの事故が取り上げられた。取り上げたのはその数年前から地元の鹿児島県川内市で九電が建設計画を進めていた原子力発電所に関連した活動を行い、後に副総理となる社会党の久保亘で、メルトダウンの可能性を指摘しながら次のように質問した。(47) 質問にある「原発無事故主義」が久保流の安全神話の指摘だ。

原子力安全委員会というのは、私は、わが国の原子力行政は原子力発電無事故主義というのを前提にして、その安全性を住民にどう説得するかということに力点を置いてきたのじゃないか……その前提は、特にアメリカにおいて事故がないということを裏づけに使ってきた。その根拠が一挙に崩れ去ったわけでありますが、この原発無事故主義を前提にして住民を説得をする……これは根本から改められなければならない問題だと思いますが、いかがですか。

これに対して科学技術庁の原子力安全局長、牧村信之は「安全局ができましてからは……いささかも推進側に利するようなことをすべきではない……しかしながら、地域の住民の方々と……担当者等のややもすればまだ不十分な表現の仕方等があったとすれば、われわれ大いに反省しなければならないと思います」と答えた[48]。推進側に利する姿勢は二〇一一年まで変わることはなかった。その姿勢は二〇一四年現在も、変わっていないように映る、それが細川護熙元首相に準備不足のまま都知事選出馬を決意させた要因のひとつだった。

久保は大臣一人ひとりに、TMI事故のようなことが日本で起きたとき、それぞれの役所はどう対応するかを質した。通産省の担当者は事故に対応した法律があるのでそれで対応する、また橋本龍太郎厚生大臣は原子力事故被害者の対応は厚生省ではなく、科技庁と通産省が完全に握っており、第五福竜丸のときのような対応ができない、と答えている。そうした中で異彩を放っているのが文部大臣の答えだ。以下がその問答だ[49]。

久保亘君　文部大臣、この原子炉事故を起こした場合の学校対策は十分にできておりますか。

国務大臣（内藤誉三郎君）　私どもは、原子炉事故があるということをまだ信じていませんので、それほどの具体的な対策までは講じておりません。

久保亘君　信じていないと言って、いまあなた事故が起きているんですよ。その次、自治大臣。

内藤は一九三六年から六四年まで文部省に在職し、対日教組強硬派として知られ、文部事務次官で退職した後、一九六五年から八三年まで参議院議員を務め、中曽根派に所属していた。彼の頑迷さは何なのだろう。これほど科学や技術の現実から目をそむけて行われた文部行政とはどのようなものだったのだろう。地震予知に関する研究は一九六五年を「その第一年度といたしまして、予算を文部省、通産省、運輸省、建設省、いろいろな機関を合わせまして約五億円というものを計上[50]」して動き出した。つまり内藤が退官した翌年から動き出したことになる。彼は地震予知について、どう考えていただろう。

頑迷なのは内藤文相だけの問題ではなく、電源三法制定の七四年ころから二〇一一年にまで続く原子力行政の問題でもあった。久保は各大臣に所管省庁の対応を質す前に、科技庁長官に「今度の原発事故については、科学技術庁としては予想できない事故であったのかどうか、その点を答えてください」と問うている。科技庁長官で長崎の金子漁業の総帥、金子岩三は「わが国の同型の原子力発電の構造とは構造が違っていますので、わが国では全く予想のできない事故である」と答弁している。さらに原子力安全局長は原因もまだ不明確な段階でこう答えている。「現在の日本におきます加圧水炉というものはメーカーが違うことは確かでございます……日本では若干考えられないような原因が積み重なっていっておるということも事実でございます」。このときはまだＴＭＩでメルトダウンが起きていたことは不明だったが原子力安全局長は久保の質問に「日本の安全基準ではメルトダウンを想定しての事故想定はしていないことは事実でございます」と日本の実情を明らかにしている。事故は質の悪い運転員の人為的なミスで起り、事故を起こした原子炉と日本で運転中のものとは同じ加圧式軽水炉だがメーカーが違い、日本での事故発生は考えられない、ということで内藤誉三郎の妄言すら不問のまま、過ぎてしまった。

チェルノブイリ事故と日米原子力協定

ＴＭＩ事故から七年、一九八六年四月、当時ソ連のチェルノブイリ原子力発電所がレベル七の事故を起こした。中曽根内閣の時代だった。チェルノブイリの事故については情報入手が旧ソ連でのできごとで容易ではなかったこと、炉のタイプが黒鉛炉で軽水炉とは違うということで、国会では厳密な議論は行われなかった。日本初の商用炉はチェルノブイリと同じ、プルトニウム生産に適した黒鉛炉だったが、その後は全て軽水炉だった。国会の議論では、ＴＭＩ事故のときと同様、炉の形式の違いに安心し、運転員の誤操作に関心が向かい、両方の事故に共通する「制御不能＝暴走」の問題に目が向かなかった。

そのとき、国会の関心はチェルノブイリの事故ではなく、核燃料サイクルを進めるために米国とどのような協定を結ぶことができるか、どうすれば日本がプルトニウムを貯め込む協定ができるか、ということにあった。核燃料サイクルの推進は日本が原子力開発をはじめた当初からの方針で、そのため最初の商用炉が黒鉛炉だったのだが、米国の核不拡散政策の影響により、プルトニウム転換施設の建設が七六年から四年間中断していた。その間に日米協議を続け、混合転換方式を採用することで決着していた[51]。

チェルノブイリ事故から一年以上経過した一九八七年九月、当時社会党の鹿児島県選出の代議士、村山喜一は衆議院の科学技術委員会でこう質問している[52]。なお第二パラグラフの年号は元号（昭和）表記となっている。

村山（喜）委員　……私は二二日に日本を出ましてチェルノブイリの事故調査に出かけたわけでございますが、帰ってまいりましてから長期計画を拝見したわけでございます。そこで二〇三〇年までの長期のビジョンを打ち出しているわけですが、この中で触れられていない問題がございます。それは日米再処理問題でございます。

五二年四月にカーター政権が核不拡散政策の発表を行いまして、自来今日まで、五七年七月から六一年六月までに、再処理問題を含めて日米原子力協定に関する協議が一五回開催されたというのが原子力ハンドブックの中に出ているわけです。その問題は、これから原子力のサイクルの問題を考える場合に極めて重要な問題だと我々は認識しているのでございますが、東海から青森の民間の再処理工場建設の問題等をめぐりましてそういう基本的な問題が今日まで五二年四月から始まったのですから、もう一〇年たっているわけですね。……プルトニウムをどういうふうにして管理するかということが非常に重要な問題だという認識がアメリカの頭から離れないわけですね……日本の場合は平和利用に徹して、そういうような軍事利用などということはとんでもないことですという、それは国民的な感覚でもあります。しかしそれを納得せしめ得ないというのは、やはりどこかに問題が今日残っているのじゃないでしょうか。そうしてこの問題について、アメリカの手からまだ日本の原子力というものは巣立っていないのじゃないかという印象を与えてしまうのじゃないでしょうかね。

というのは、原子力の再処理という問題はアメリカでは今ストップしておりますね。そうすると、いわゆるプルトニウム戦略というようなものがアメリカにもあるだろうと思う。日本の場合は、核燃料サイクルの問題の中で大変立派な長期計画をつくられておるけれども、その問題一つ解決できない中で、一体この問題はどういうふうになるのだろうか。

村山にとってはチェルノブイリ事故より日米原子力協定が重要だった。村山は川内原子力発電所の問題について久保と一緒に活動してきた。川内原子力発電所建設計画に関わりはじめた一九七七年、彼は国会で核燃料の再処理を進めればプルトニウムを保有することになるが、それに関してこう質問していた。[53]

石油も米国のメジャーに、濃縮ウランも米国に依存しておればよいという時代は過ぎ去ったのであります……わが国は、平和利用に徹する国是がとられているが、再処理に成功した場合には、潜在的な核兵器所有国になることを意味します。核兵器に転用しない歯どめをどう保障するのか、総理は内外に明らかにする責任があります。お答えを願います。

それから一〇年、彼の関心はチェルノブイリの事故よりも、核燃料サイクルのキーポイントであるプルトニウムを、日本が独自に使用済み核燃料を再処理し、抽出し、燃料として利用できるかどうかにあった。このとき彼の念頭にあったのは、どうすれば「日本の原子力」は巣立ちできるか、自立できるか、米国離れができるかだった。村山はこの日、政府に対して原子力発電の発電コストを意図的に低く見積もった結果で推進の広報をやっているのではないかとか、原子炉格納容器の溶接部分の劣化さらに中性子によって生ずる脆化の問題なども指摘している。しかし基本は日本での原子力開発は進めるべきだ、ただし安全確保と情報公開の徹底という条件で、とする姿勢だ。

日本社会党の原子力についての立場は一九五五年の原子力基本法制定から六〇年代までは賛成で、七〇年代に入ると賛成派と反対派が混在し、チェルノブイリの事故を契機に反対派が多数派になったという流れとなっている。実際、七二年には党の運動方針として原子力発電所の新設などの反対を決め、また八九年の脱原発法制定の請願では社会党議員の半分以上が紹介者に名を連ねた。しかしそれは党が反／脱原発でまとまっていたわけではないことを示している。そして社会党の反／脱原発の弱点は、建設反対にとどまり、運転中の原子力発電所をどうするのか、いつまでに止めるのかまで議論を詰めることができなかったことだ。それが当時の社会党の限界だった。そのことが久保や村山の質問の歯切れの悪さになっている。内心では国策である原子力発電さらには核燃料サイクルの推進は必然と思いながら、地元に建設される原子力発電所については党の支持者の多くが反対派なので、国策推進に賛成はできず、しかし反対もせず、慎重に・安全に・情報公開を担保する必要があると指摘するアリバイ作りの質問に終始している。

村山が核燃料サイクルに関して日米協議について質問した八ヵ月前、一九八七年一月に日米間の基本合意は成立していた。問題は米国内の核拡散を憂う反対派の説得だった。実際に日米両国で調印にこぎ着けたのはその年秋で、村山の質問の二ヵ月後、一一月四日になって東京で、外務大臣倉成正と、米国大使M・J・マンスフィールドが協定文書に署名した。倉成は長崎一区選出の代議士で中曽根派の重鎮だった。日米間で協議がはじまって四ヵ月後の一九八二年一一月に第一次中曽根内閣は成立し、調印二日後、八七年一一月六日、第三次中曽根内閣は総辞職し、竹下内閣が誕生した。協定締結に中曽根内閣の五年間がまるまる費やされた。外交官として協議に関わった遠藤哲也は、「日米原子力協定成立は堅固な日米関係に基づくものであり、特にレーガン・中曽根両首脳の個人的な関係に負うところが少なくなかったと思う」と記している。(54)

原子力と宇宙開発そして地震予知を先導した政治家

中曽根康弘は一九八二年秋、自由民主党総裁選挙に立候補した。一一月五日、彼は立候補演説で、自分がやりたいことは三つありその「第二は安全です。大地震、災害から守ること……」とし、鈴木善幸首相の外国出張時に臨時代理を務めた際は、首相出発を見送り役所に戻るとすぐに、「地震に関する公務員及び学者を集めて地震の予兆があるかどうか、万一大地震が起きた場合にどういう手配が……を確かめ[55]」たと述べている。当時、一九七〇年に予算規模が拡大し地震予知計画が本格化してから一二年が経過していたが、成果を上げることもなかったが、逆に世論から指弾されることもなかった。それだけこの一二年間、あるいは阪神淡路大震災までの二五年間、日本列島は地震という観点からは比較的落ち着いた状態だった。その結果地震予知計画の存在が疑問視されることはなく、地震予知可能を前提とした大震法も一九七八年の第八四国会に、国土庁から提案され、二ヵ月ほどの審議で成立していた。そのときの国土庁長官は中曽根の古くからの同士櫻内義雄だった。

大震法の特徴はいくつかあるが、第一は災害が「発生するかもしれない」ことを国民に知らせることだ。もうひとつはその段階で、つまり災害発生以前に地震災害警戒本部長、すなわち総理大臣が自衛隊の出動を要請できることだ。この問題点を取り上げたのは、公明党の静岡県選出の代議士、薮中義彦だった。彼はこう指摘した[56]。

この法案でいわゆる予知段階で自衛隊の事前出動ができる……いわゆる治安出動の要素がないかというような問題が懸念されております……特にこの事前出動の時点では、いまだ何ら災害が発生してない事態でございますので、その行動の範囲というのはおのずから限定され、明確にしておく必要がある。

これに対して防衛庁防衛局運用課長、児玉良雄はこう答えた。「火器または弾薬の携行につきましては、通常そのような必要はないと考えておりますので、ないということになれば、地震防災派遣におきましては、火器または弾薬というようなものは携行しないという規定を設けることといたします」。児玉が約束した規定は一九八〇年の防衛庁訓令第二八号の一八条として成文化された。大震法の下では首相の臨時代理が地震発生の予兆を担当部署に確認することは人気取りのパフォーマンスではあるが、荒唐無稽とまでは言えないだろう。

中曽根は原子力予算提出から四二年後、首相退陣から九年後、一九九六年、自分の科学技術上の業績を振り返りこう語っている[57]。

結局、私は科学技術庁長官を三回やって、原子力のあとは宇宙開発を手がけ、日本の宇宙開発の軌道をつくり、それから、運輸大臣のときは地震予知をやりました。

原子力開発、宇宙開発そして地震予知を国家プロジェクトに仕上げる上で中曽根が政界のキーパーソンだったことは確かだ。この順番は彼にとっては単に時系列で並べたというよりも、優先順位を表現していると考えられる。

三本の柱のうちの一本、地震予知についてはすでに二〇〇三年に東海地震大綱ができたときに破綻していた。もう一本の原子力開発は今や逆風にさらされている。この逆風の遠因は、人々が安全だという話を信じ込まされてきた、安全神話をふりまかれてきたが、それが希望的観測・願望に過ぎず、大事故が起こり、生活に影響が出るほどの被害が出たことに対して、国に裏切られたという思いだろう。政治家中曽根はそうした危険をどの程度予測していただろうか。彼は二〇〇五年に行った講演原稿の結論部分で、日本において原子力事業が発展するための条件として以下をあげていた。(58)


一つ、政治による過度の干渉を防止し、内外関係、部署、相互間の情報連絡を密にすること。

一つ、決して事故を起こさないよう、管理・責任を徹底すること。

一つ、世論、ジャーナリズムを常時啓蒙し、情報連絡を密にすること。

一つ、閉鎖的にならないよう常にドアを開示し、国際協調、世界的協力の網を広げること。

一つ、地震、テロ等に対し厳重な対策を講じること。

一つ、成果を挙げ、より高度な研究を促進し、恩恵をもって国民に還元すること。


お題目を唱えるだけなら誰でもできる。その一方で中曽根の呼びかけは、こうしたモノモノしい方策が必要な原子力という技術とは何なのか、それは情報公開が当たり前の、民主的で公正な国で使える技術なのか、という問題を提起している。

三本柱のうち、現在の日本で逆風にさらされていない唯一のものが宇宙開発だ。記憶に新しいこととして二〇一三年九月一五日、新型の、国外への売り込みを前提とした日本としては低コストのロケット、イプシロンが打ち上げられ、衛星（今回は宇宙望遠鏡）を軌道に乗せることに成功した。その日本は、北朝鮮の宇宙開発を批判している。それは北朝鮮が核兵器と呼べるものを保有しているためだ。核兵器を含め、どんな強力な兵器ももっているだけでは戦力的には意味はない。意味をもつのは運搬手段とセットで使える状態になっている場合だ。それはもう少し思考力を働かせれば、ロケット（ミサイル）という運搬手段があれば、敵国に原子力発電所のような核物質を大量に保有する原子力プラントがあれば、核と運搬手段とを半ば以上保有したことになると理解できる。半ば以上としたのは、核攻撃は可能だが、攻撃地点が大きな原子力サイトに限定されるためだ。原子力サイトへのロケット攻撃は戦争だが、非戦争状態でも航空機が事故で原子力発電所に落下することはある。三・一一以降、欧州連合（ＥＵ）の原子力発電所ストレステストでは過酷な自然災害の他に、「人災や悪意による行為——これらの事象には偶発もしくはテロ攻撃による航空機事故、原子力発電所周辺における火災・爆発」に対する耐性も査定対象となっている。[59]

核とミサイルという単純な、二〇世紀的観点から中曽根の科学技術三本柱を分析すると、頂点に原子力開発があり、それを支える重要なインフラが地震予知で、他方対外的な威力の誇示のため、運搬手段開発につながる宇宙開発政策があったと推測できる。彼は第三次佐藤内閣の防衛庁長官時代（一九七〇年～七一年）、日本を「非核中級国家」、核兵器は持たないが英国や仏国並の国力をもった国家、と規定した。この規定は、中曽根によればこのころ「核を断固持つという強い意思でもなく、逆に核武装の能力もない小国ではない。持てるけども自ら持たんという姿勢を、国内外に示すのが得策である」[60]と考えた結果だった。

中曽根は長官在任中、核兵器の開発可能性を庁内で検討させていたと回想している。[61]「仮に日本が核武装をしようとしても核実験場がありません……一九七〇年……現実の必要を離れた試論として核武装をするとすれば、どれぐらいのお金がかかるかどのぐらいの時間でできるかといった日本の能力試算の仮定問題を中心に内輪で研究させたのです。その結論は、当時の金で二千億円、五年以内で出来るというものでした」。この金額は爆弾製造だけに必要な額で、ミサイルその他の運用面の費用を含まないものだった。この時期、佐藤内閣時代複数の核武装研究がひそかに実施され、そのうちのひとつに内閣調査室（現内閣情報調査室）が行ったものがあった。その結論は、当時は使用済み核燃料からプルトニウムを取り出す再処理工場がなかったことなどから、核武装は可能だが多くの困難があると同時に、国土の狭さその他から得策ではない、だった。[62]中曽根は被ばくしていないし、直接目撃したこともないが、核武装に否定的だった、が一九六四年の中国の核実験以降、先の「持てるけども自ら持たんという姿勢を、国内外に示すのが得策」という考えに至ったようだ。一九八八年の日米原子力協定の結果、使用済み核燃料からプルトニウムを取り出すことが可能となり、日本が核武装する上での大きな困難のひとつがなくなった。

核被害の実態：福島の被ばくが暴いた原爆調査とチェルノブイリ被害

福島県は地震の八日後、三月一九日、長崎大学の山下俊一教授を「県放射線健康リスク管理アドバイザー」に任命した。その一週間後、山下は「長崎新聞」に「長崎から来たというだけで歓迎され、現地の人たちは安心する。長崎のノウハウを生かしたい」と語っていた。その経験が「子どもや妊婦を中心に避難させるべきだ[63]」という彼の主張につながっていたと誰もが思った。さらに二年半前の二〇〇八年九月には日本の臨床医にこう説いていた[64]。「二〇歳未満の人たちで、過剰な放射線を被ばくすると、一〇〜一〇〇 mSv の間で発がんが起こりうるというリスクを否定できません。子供が虫垂炎の手術だからと簡単にCTを撮る」だけで、年間被ばく線量を超える。CT一回で一〇 mSv と覚えると、年間被ばく線量を超えるということが分かります。

しかしアドバイザーとしての彼の年間被ばく線量についての発言はこの講演とは全く違ったものだった。彼は当初、年間一〇〇 mSv までは発ガン発生率上昇は証明されていないと述べていた。しかし四月一九日、政府は上限を二〇 mSv とした[65]。この点を五月三日の福島県民との対話で、「市政だよりなどに、マスクもしなくても大丈夫だと先生の話が書かれていて一〇〇ミリ先生の言葉を信じて、戻ってきている人もいる。二〇ミリが最大だ……ころっと話が変わっている。今までが間違っていたのか、話して欲しい」と問われ、山下はこう答えた[66]。

みなさんへ基準を提示したのは国です。私は日本国民の一人として国の指針に従う義務があります。科学者としては、一〇〇mSv以下では発ガンリスクは証明できない、だから不安を持って将来を悲観するよりも、今、安心して、安全だと思って活動しなさいとずっと言い続けました。ですから、今でも、一〇〇mSvの積算線量で、リスクがあるとは思っていません。これは日本の国が決めたことです。私たちは日本国民です……ただ伝えたい根拠は理論ではありません。現実です。皆さん、現実、ここに住んでいる。ここに住み続けなければなりません。広島、長崎もそうでした。チェルノブイリも五五〇万人もそういう状況で生活していますす。そういう中で、明らかな病気は、事故直後のヨウ素による子どもの甲状腺がんのみでした。私はその現実を持って皆様にお話をしています。

どうすると「リスクは証明できないから……安心して、安全だと思って活動」できるのだろう。分からないことをよくよく考えてもはじまらないが、分かろうとする努力や、分かったときに備えた準備は必要だ。そうした努力や準備を否定することは、相手をなめている、バカにしているのか、話をしている側が非論理的思考の持ち主ということになるだろう。二年半前に日本の臨床医への講演時に一〇mSvを問題視していたのに、急に一〇〇mSvを受け入れようと主張することは論理的に破綻しているし、その場しのぎの発言を続け医学の研究者としての社会的責任を放棄している。

アドバイザーとは国や県の意向を県民に押し付けることが仕事なのか。出席者からは「年間二〇mSvになるのではないかと心配だし、その基準にも疑問。山下先生はアドバイスをする立場にいるので県なり、文科省なり、行政に私たちが安心して暮らせるようなアドバイスをしていただきたい」と要望され、また「国の基準に従うしかないというお話をされたのですが、先生は、県を通して国に提案する立場にはないでしょうか」と問われている。

山下には科学者としての考えはなく、自分が知っていると思い込んでいる「現実」があるだけのようだ。その結果、彼は自分の見解ではなく、国や県の方針を住民に押し付ける役割を担った。もし彼がチェルノブイリの現実を見ていればその発言は違ったはずだ。

寄り添う医師と切り捨てる医師

山下は何を見てきたのだろう。彼はチェルノブイリでの被害について二〇〇〇年の報告でこう断定している(67)。

一九九六年四月の事故後一〇周年では、IAEA(国際原子力機関)/EC(欧州委員会)/WHO(世界保健機関)の国際共同会議での報告どおり「チェルノブイリ周辺では一九九〇年から激増している小児甲状腺がんのみが、唯一事故による放射線被ばくの影響である」、と世界中の科学者が合意している。
すでに外部被ばく線量が低く、主に放射性降下物の内部被ばく影響を受けているチェルノブイリ周辺の一般住民では、血液疾患の頻度は放射線との因果関係は実証しにくい現状である。現地では貧血や好酸球増加が多く見られ、免疫不全を示唆するデータの報告もあるが、いずれも放射線に起因する確かな証拠は無い。当然白血病の増加も確認されていない。

これは要約すれば、事故がひきおこした身体的障害は小児甲状腺ガンだけだ、ということになる。しかしそれはいわゆる科学的に立証された事例であり、科学調査を開始したときにはその地域の外部被ばく線量が低くなっていた。そのため血液疾患その他の発生は多いが、それが事故による放射線被ばくが原因であると科学的に判断することはできない。そうした観点からは山下の断定には、もっと早くから調査に取り組んでいれば、という現地の人への思いや理解が感じられない。

もっともその病気の原因が事故による放射線被ばくだと分かっても、それによって特別な、特に有効な治療法があるわけではない。しかし、病人にとっては原因が自分にはない、自分の家系や生活習慣ではなく、外的なものだと判断されれば、心配の要因がひとつだけだが減る可能性が高い。

山下は、放射線被ばくが原因と見られるのは小児甲状腺ガンのみということについては「世界中の科学者が合意している」と力説している。これは米国の「平和のための原子力」政策を受けて発足したＵＮＳＣＥＡＲのような核の商業利用を推進する国際機関の主張だ。

他方、一九九一年以来、ベラルーシで小児甲状腺ガン患者の手術による治療を続けている外科医、菅谷昭（二〇〇四年以来松本市長）は二〇一二年三月、低線量被ばくの問題をこう指摘している。(68)

チェルノブイリのように、数年以上経って深刻な健康被害が出てからでは遅すぎる。福島の子供たちを疎開させるべきだと思います……私たちの知人の医師が、そっと教えてくれたことをお話しましょう。軽度から中等度の汚染地域では、「チェルノブイリ・エイズ」と呼ばれる症状が増加しているそうです。医学上の病名ではありませんが、汚染地域の居住者には、いわゆるエイズ（後天性免疫不全症候群）と同じように、身体の抵抗力が落ちている人が増えているのです。

たとえば、ちょっとした風邪が治りにくかったり、すぐに感染症にかかったり……最近では、小児の貧血も増えているそうですが、おそらく血液を造る骨髄などがダメージを受けているのでしょう。ぜんそくや皮膚炎などアレルギー体質が増えているという話もありました。免疫力が落ちるわけですから、呼吸で細菌やウィルスなどの異物を吸い込んだり、また皮膚に何かが付着したりしたときの正常な反応ができなくなっているのかもしれません。

……

ただし、これらの症状と低線量被ばくの因果関係は、科学的に証明されていません。世界中のどこにも、客観的な統計に耐えうるデータがないのです。

データがないというのは集めないからだ[69]。外科の臨床医として被害者に接している菅谷は、公式のルートには出てこない情報に接し心を痛めている。そしてその経験から「福島の子供たちを疎開させるべき」、という発言を行った。他方で山下は、国が決めた年間被ばく線量一〇〇 mSv に従おう、と強弁した。この主張に基づけば、それを上回るような地域に人は住んでいないのだから、誰も疎開は必要ない、という結論になる。彼はチェルノブイリの現状から目をそむけている。他方、菅谷は福島の状況について、チェルノブイリの経験を踏まえて警鐘を鳴らしている。

チェルノブイリの当事国であるウクライナやベラルーシで被ばく被害のデータ集めが本格化したのはソ連が崩壊し、両国が独立国家となった後、つまり原子力発電所事故から五年後の、一九九一年になってからだった。両国とも独立後しばらくは被害データ集めに熱心だったが、近年エネルギー確保の観点から原子力発電所の建設計画を進めており、被害の発掘や公表が窮屈になっているという。日本で一九四五年の被ばくから一九五一年の講和条約発効までの六年間、原爆被害の公表が米国によっておさえられたのと同じ状況が、ソ連崩壊まで、そして再び近年、両国に存在するということだ。広島・長崎そしてチェルノブイリで、被ばく被害者がその被害を訴える声を上げにくい状況が被ばくから五年ほど続いたのだ。チェルノブイリ被害について、一九九一年から約二〇年にわたる両国および露の人々による調査の結果が、一二年から日本語でも読めるようになった（表

－3参照）。

それによればチェルノブイリ現地、ここではウクライナの医者・科学者は山下が力説する「国際的合意」を否定している。「ウクライナ厚生労働機関は、二〇一〇年一月一日現在……二百二十五万四千四百七十一人の市民が、チェルノブイリ事故の影響を受けたと認定している……事故の被災者は百九十九万三千六百六十四人であり……子供は四十九万八千四百九人と記録されている」[70]。被災者より影響を受けた人の数のほうが多い。これは事故から四半世紀ほどが経過しており、広島・長崎でいう被ばく二世が生まれているということだろう。そしてウクライナ政府は、被ばく二世についても健康状態の観察が必要だと考えていることが分かる。この事実はチェルノブイリ事故で放射線を浴びた人たちの健康状態が、小児甲状腺ガン以外には問題がないという「国際的合意」が、現地の実態と合っていない、ということだ。さらにウクライナ政府（緊急事態省）報告書（表－3の③）の三章四節を見ると、被ばくに起因するのではないかと思われる健康への影響が多岐にわたっていることが分かる。その節の構成は次の通りだ。

三・四　人々の健康に対するチェルノブイリ惨事の複雑なファクターの影響
三・四・一　神経精神医学的影響
三・四・二　循環器系疾患
三・四・三　気管支肺系統疾患

表-3：チェルノブイリ事故についての著作およびＡＢＣＣ調査の問題点を指摘した著作

題名（日本語出版年）	著者（訳者）	出版社	備考
日本語で読めるチェルノブイリ事故の当事者／国による報告書			
①『チェルノブイリ虚偽と真実』（1998 年）	L. A. イリーン（本村智子、浜田亜衣子、高村昇、本田純久、芦澤潔人、山下俊一、本村政彦）	長崎・ヒバクシャ医療国際協力会	ウエッブで公開
②『チェルノブイリ被害の全貌』（2013 年）	アレクセイ・V. ヤブロコフ、ヴァシリー・B. ネステレンコ、アレクセイ・V. ネステレンコ、ナタリヤ・E. プレオブラジェンスカヤ（星川淳、チェルノブイリ被害実態レポート翻訳チーム）	岩波書店	
③『チェルノブイリ事故から25 年　ウクライナ政府報告書』（2012 年）	緊急事態省（市民科学研究室）	市民研	ウエッブで公開
④『チェルノブイリ原発事故ベラルーシ政府報告書』（2013 年）	非常事態省（日本ベラルーシ友好協会）	産学社	
非当事者による報告			
⑤『低線量汚染地域からの報告』（2012 年）	馬場朝子・山内太郎	NHK 出版	
⑥『チェルノブイリ原発事故がもたらしたこれだけの人体被害：科学的データは何を示している』（2012 年）	IPPNW（核戦争防止国際医師会議）ドイツ支部（松崎道幸）	合同出版	
広島・長崎を思い出す			
⑦『放射線被曝の歴史』（1991 年）	中川保雄	技術と人間	2011年増補版は明石書店
⑧『米軍占領下の原爆調査—原爆加害国になった日本』（1995 年）	笹本征男	新幹社	

三・四・四　消化器系疾患

三・四・五　血液学的影響

二〇年にわたるチェルノブイリ事故の被ばく被害調査が明らかにしている現実、それは一九六八年に発生し今も被害が続いているダイオキシン類に汚染されたカネミ米ヌカ油の被害者に寄り添った原田正純医師が指摘した「病気のデパート[71]」という言葉があてはまる状況だ。山下はそうした現実を無視して、一九九六年の国際原子力機関（ＩＡＥＡ）などの決定、「チェルノブイリ周辺では一九九〇年から激増している小児甲状腺がんのみが、唯一事故による放射線被ばくの影響」にしがみついている[72]。ソ連崩壊のころから顕著になっていた小児甲状腺ガンを被ばくの影響によるものとＩＡＥＡやＵＮＳＣＥＡＲが認めるまで事故発生から一〇年、ソ連崩壊から五年の時間を必要とした。

身体の不具合の原因は何であっても、その因果関係を証明することは容易ではない。何が原因であれ、同じ環境で発病・発症する人とそうでない人が出ることは一般的だ。その違いは病原体が主原因の場合でも、それ以外の要素、病原体との接触の度合いや体力の差や免疫の有無その他が関係してくる。同じことはダイオキシン類のような毒物でも放射線でも起きる。その結果、免疫力とか体力などといった個人差を無視して、できるだけ被害を認定しない仕組みが準備されることが多い。日本政府はカネミ油症や水俣の有機水銀中毒の場合、被害者に共通するいくつかの症状が一定数以上同時に出現していることを被害者認定の条件にしてきた。例えば水俣の被害について、政府は感覚障害があり、かつ運動障害が認められないと被害者認定はできないとしてきた。しかし近年司法の場では、有機水銀に汚染された魚を食べたことがあり感覚障害があれば、被害者と認める、という判決が確定した[73]。しかし政府は従来の姿勢を変えようとしていない。他方熊本県は、二〇一三年一〇月になって、単一の症状（今回は感覚障害）を訴える人ひとりを、公害健康被害補償法に基づく被害者と認定した[74]。

政府が被害者の苦境を理解するまでに時間がかかるのは原爆被害者についても同じだった。原爆被害者の場合一九五七年、被ばくから一二年後に制定された「原子爆弾被爆者の医療等に関する法律」に基づき、被爆者健康手帳（以下では被ばく者手帳と略記）が交付されるようになった。今日、手帳を交付されている人で被ばくが原因の健康障害があると認められると、健康管理手当や医療特別手当が支給される。このうち医療特別手当の支給は「被爆者が、疾病が放射線に起因し、現に医療を要する状態にある旨の厚生労働大臣の認定[75]」が必要だ。健康管理手当の支給も、単に被ばく者というだけではなく、放射線の影響が否定できない循環器機能障害や運動器機能障害などの疾病があることが条件だ。

ＡＢＣＣと「平和のための原子力」

被ばく者手帳をもっておられる方々の放射線被害調査の基礎データとなっているのが、ＡＢＣＣ

が原爆被害から五年後、一九五〇年から取り組んだ疫学調査だ。ＡＢＣＣの調査目的はふたつあった。ひとつは軍事的な原爆の効果の測定だった。もうひとつは「核エネルギーの平和的利用にとって、極めて貴重な知見」[76]を得ることだった。こう指摘しているフランシス委員会はＡＢＣＣの活動活性化をめざしてミシガン大学の著名な疫学研究者、Ｔ・フランシス・ジュニアを長として五五年に組織された。同委員会が組織されたのは五〇年の疫学調査が不十分だったという認識があったためだ。委員会の報告に基づきＡＢＣＣの調査体制や方向が再編された[77]。それ以前のほぼ五年間のＡＢＣＣの活動は「広島・長崎の被ばく者の原爆の影響という非常に重要な研究を全体的にどう進めるかについて慎重に検討したものではなかった」と評されている[78]。しかし被ばく者の立場で考えたとき、五五年以降の体制でも、被ばく者に寄り添ったものとなっているようには思えない。再編の目的は別にあった。

米国大統領の「平和のための原子力」演説は一九五三年末のことだった。その二年後のフランシス委員会の発足は、ＡＢＣＣを核の商業利用に資するデータを準備する組織に変えるための第一歩だった。国連などの国際機関がチェルノブイリ事故の被害の広がりの確定の基礎としているのは、こうした歴史を背負ったＡＢＣＣが収集・公表してきたデータだ。その結果、山下が言うように、国際的にはチェルノブイリの放射線の被害は子供たちの甲状腺ガンのみ、ということになっている。それに懐疑的な菅谷の指摘はすでに見た。また原爆被害者について、近年司法の場で、政府の被ばく認定を覆す判断が相次いで出されている[79]。

放射線被害の評価の前提となっているＡＢＣＣの調査結果に対する疑問は一九八〇年代の前半から提起されるようになり、[80] 日本国内でも中川保雄が欠陥を指摘した。[81] ＡＢＣＣの調査は疫学調査だが、その一番の欠陥は不適切な対象群のグループ分けである。疫学調査の成否を決めるのは対象群の選定だが、それが不適切ということは、調査そのものが無効、ということだ。八〇年代になっての批判はまさにこの点にあった。批判の口火を切ったシュミッツ＝フォイエルハーケの論文のタイトルは「原爆被ばく者の被ばく線量再評価とフォールアウトの影響」だ。

ＡＢＣＣの疫学調査が被ばくから五年後となったのにはいろいろな理由があった。多分最大の理由は、ＡＢＣＣの組織目的が兵器である原爆の人への効果の測定にあったことと、第二次世界大戦以前の放射線被害についての過小評価があったことが考えられるが、この問題には触れない。施設の問題もあった。一九四七年三月の広島での活動開始当初は仮住まいで、本格的始動が四八年一月で、原爆投下から二年五ヵ月ほど経過していた。五年後の疫学調査の実行という観点からは、対象を選ぶための国勢調査が必要で、五〇年になってはじめて、被ばくについても聞いている国勢調査が実施された。

放射線被ばくの疫学調査の場合、被ばく以外の状況に差がないふたつのグループについて比較し、被ばくした側にのみ見られる変化、例えば小児甲状腺ガンの発生があれば、その原因は被ばくにある、と結論される。被ばくから五年後、どうしたらそうした比較対照できるグループ分けが可能だろうか。このときまだ被ばく者手帳は制度化されていない。市内で直接被ばくした人のグループに対応する集団を同じバックグランドをもつ人とすると、同じ市内で爆心地から遠くにいた人となるが、それは原爆による放射線被害の疫学調査の対照群となりうるのだろうか。ダイオキシン類に汚染された米ヌカ油による被害の疫学調査であれば、同一市内の市民で、その油を摂取した人とそうでない人とのふたつのグループに分けて調査することに意味はあるだろう。しかし、同一市内にいて原爆の放射線を全く受けなかったという人はいるのだろうか。しかし一九五〇年の調査でＡＢＣＣは同一市内で、爆心地から二キロメートル以上離れた所で被ばくした人を非放射線被ばく者集団とした。五〇年の疫学調査について、五五年のＡＢＣＣの改革をＮＡＳ―ＮＲＣの医科学部長として指揮した英国生まれの生化学者Ｒ・Ｋ・カンナンはこう述べている[82]。

広島・長崎の核爆発による放射線の広がりを観測していたわけではない。しかし類似の爆弾で調べ計算の結果、爆心からの空間線量の一応の分布図が作成でき……被ばく状況を理解するための爆発時の線量の近似値が得られた。

被ばく者の被ばく線量さえ推定値でしかない。カンナンが明らかにしている数値とその他の資料[83]に基づいて作成したのが表ｰ４だ。一九五〇年の調査では入市被ばく者が除外されている。その後ＡＢＣＣでは、二㎞圏内の一万人を含む二万人を対象として、二年毎にＡＢＣＣで医学的および

表-4：爆発時の被ばく線量とその後の疫学調査対象者

爆心からの距離	被ばく放射線量	被害症状	調査対象者数（1950.10.1）（広島と長崎の内訳）
1km	900r（9Sv）	1～2週目に死亡	27,800人（21,200人と6,600人）当時の被ばく者総数は283,000人で、いずれかの市に在住が195,000人で、このうちABCCは2km圏内の被ばく者39,000人を把握、そのうちの27,800人
1.2km	400r（4Sv）	半数が4週目までに死亡	
1.5km	105r（1.05Sv）	障害及び行動不能、死亡の可能性あり	
2km	12r（120mSv）	障害を認めず	
2km－2.5km	—		16,600人（市内在住者、11,500人と5,100人）（合計人数を100,000人とするための緩衝集団）
2.5km以上	—		27,800人（市内在住者、21,200人と6,600人）（対照群1、非被ばく者の位置付け）
非被ばく市民			27,800人（被ばく以降の転入者、21,200人と6,600人）（対照群2、非被ばく者の位置付け）
合計			100,000人

生理学的な検査を行い比較対照した。

対照群一や二は対照群となり得るのだろうか。被ばく者と対照群二とでは環境が違いすぎる。対照群一の人々の被ばくはゼロとは考えられず、さらに広島・長崎市内の黒い雨が降ったような一定の地域に住んでいた場合、知らない間に多量の内部被ばくを受けている。被ばく者と対照群一との比較では高線量被ばく者と低線量被ばく者との間の疫学調査となり、他方対照群二との比較では参考程度のデータが得られるだけで、疫学調査としては意味を持たない。事故からほぼ五年後に本格的な調査がはじまったチェルノブイリの放射線被害者の調査が、疫学調査の条件を満たしていないとＵＮＳＣＥＡＲは批判しているが、同じ批判はＡＢＣＣの調査にも向けられなければならない。

五年間の空白

ＡＢＣＣによる調査のより重要な問題として、五年間の空白の問題をここで論じておく。一九四五年八月から五〇年の国勢調査までの間、多くの被ばく者がいろいろな原因で亡くなっているはずだ。戦時中の移動劇団で広島で被ばくした桜隊の俳優、仲みどりは四五年の八月二四日、東大病院で死亡した。そのカルテには「原子爆弾症」と記されていた[84]。こうして被ばくを生き延びても、それから五年間に死亡した人は多くいる。ＡＢＣＣもそれに気付いていて、こう記している[85]。

放射線照射のために今までにない新しい疾病が発生するのではなく、発病の助成とその後の死亡の促進があるという傾向がでている。放射線照射は、人体に対する負荷と考えられる。本来疾病を起こしやすい者では放射線照射がその疾病過程を促進し、この影響が一九五〇―五五年の期間に特にみられたであろうと推測すれば、ＡＢＣＣの調査で行われた観察から大きなものが得られていないことが説明できると思われる。

しかしこの問題意識は、「平和のための原子力」に資するところがないとされたのか、被ばくから五年間に亡くなった被ばく者を掘り起こす調査はないようだ。ＡＢＣＣでは被ばく者をAtomic Bomb Survivorsと呼んでいる。直訳すれば、原爆を生き延びた人たちだ。しかし、仲みどりのような空白の五年間に亡くなった被ばく者は、一九五〇年以降のＡＢＣＣ調査で対象とはなっていない。この世に存在しなかった人、という扱いだ。

これで被ばく者と非被ばく者との間で疫学調査をするとどうなるのだ。被ばく者集団は、被ばくし、放射線を浴びても、五年間生き延びた、多分生まれつき健康な身体に生まれた方々で、他方対照群二は生まれつき健康ではない人の割合がより多い集団ということになる。これだと、被ばく者集団の疾病のいくつかは非被ばく者集団にも見られるといった、外見的な割り切りでそれら疾病は被ばくとは無関係と切り捨てることが可能となる。被ばく者も非被ばく者もガンを発症することは共通している。そうした病気について、健康に生まれついた人の集団である被ばく者集団での発生が、非被ばく者集団とされたグループより低いということも起こりうるだろう。そうすると、その病気は放射線が原因ではない、と切り捨てられる。

被ばくから五年以内に亡くなった被害者を切り捨てることで、被ばく者集団に生まれつき頑健な方々を集め、放射線被害の影響を小さく見せている。高線量被ばく者と低線量被ばく者とを対比することで、両者間に共通する放射線被ばくによる被害が切り捨てられ、高線量被ばく者にのみ見られる重大な被害のみが放射線被ばくによる被害と見せかけることが可能となる。この仕掛けを被ばく者の側から見ると、被ばく者同士を、公費による被ばく者医療が受けられる被ばく者と自費での医療が必要な被ばく者とに「区別＝差別」することにつながる。これは原爆被ばくが原因で亡くなった方の存在を無視して、高線量被ばく者を孤立させ、被ばく者の連帯を断ち切る狡猾なうまい手だ。

こうしたカラクリで導き出された被ばくデータが、山下が信じている国際的合意の原点だ。山下は三・一一から二週間後、福島市での講演でこう発言している。(86)

これからフクシマという名前は世界中に知れ渡ります。フクシマ、フクシマ、フクシマ、なんでもフクシマ。これはすごいですよ。もう、広島、長崎は負けた。フクシマの名前の方が世界に冠たる響きを持ちます。

山下にはそんなセンスも認識もなかっただろうが、被ばく後五年間の人体への影響についての信頼できるデータはないのだ。あるとすれば、福島の被ばく被害者の医療ケアを徹底する中で、データを集めればそうした空白を埋めることになるかもしれないという現実だ。その意味で広島も長崎も負けているのだ。そして今何より必要なことは、五年間はあまり問題は出ないだろうという希望的観測を排除し、被害者への医療ケアを徹底することだ。それは結果として、広島・長崎そしてチェルノブイリの、空白の五年間を埋めるかもしれない。

三・一一以後の社会

核燃料サイクル――原子力発電の巨大な負の面を隠蔽するシステム

二〇一四年一月一四日、東京のホテルに元首相二人、細川護熙と小泉純一郎が現れた。脱原子力発電を訴えるために細川が都知事選に立候補し、小泉が彼をバックアップすると発表した。そのとき小泉は「原発ゼロでも日本は発展できるというグループと、原発なくして日本は発展できないというグループの争いだ[87]」と述べた。彼は原子力発電の問題は国を二分するイシューだと考え、自らをゼロで発展できると信じている側と位置付けている。電気を作るのにどんな技術を使うかは経済の問題で、それが国論を二分するほどの大問題となるのかという思いもあるが、それが三・一一以降の日本の現状だ。国民的イシューにした出発点は一九五四年の原子力予算であり、その後の核武装の政治的思惑を押し隠して進められてきた原子力技術開発、当初から「トイレなきマンション[88]」と言われた欠陥を無視し続けた政策、つまりことの本質を隠しその場しのぎで取りつくろってきた結果、のっぴきならない状況となった。

三・一一以前からのっぴきならない状況はあったのだが、報道されていなかった。それは各原子力発電所サイトに設けられている使用済み核燃料という高熱を出し続ける核のゴミを一時的に冷却保管する貯蔵プールが飽和状態に近づいている事実だ。保管期間は数年ということになっているが、現状では再処理などその先のめどが立っておらず、ゴミを他の施設に移せる見込みはない。二〇一二年九月、「東京新聞」が調べたところ、「核燃料プール　数年で満杯　六割が運転不可に」という現状が明らかとなった[89]。東電などはこうした状況を見据えて青森県むつ市に一二年がかりで中間貯蔵施設を建設した。一四年一月一五日、この施設の安全審査が規制委に申請された。審査に合格して使用許可が出ても、六年ほどで飽和状態となる。一三年九月一五日以降、日本で原子力発電所は止まっているが、各サイトのプールの状況からすれば、三・一一がなくても早晩、稼働停止に追い込まれるはずだった。しかし三・一一まで、国民の目がこの現実に向かわないように、もっぱら原子力発電所事故という衝撃的で分かりやすい危険性を逆手に取った「安全神話」がふりまかれてきた。

小泉に原子力発電への態度を変えさせた最終処分場は、これまで国民の目から隠されてきた使用済み核燃料プールそして中間貯蔵施設の先にある問題で、日本だけではなく、世界的にも深刻に考える人は限られていた。小泉は、首相を務めた人間として、最終処分場を日本で建設する場合の立地調査から建設、核のゴミの搬入そして封印までを考え、実現不可能と悟った。

彼が核のゴミの現実を見たのは一三年八月、フィンランドにおいてだった。そこで彼は世界で唯一の核のゴミの最終保管施設（使用開始予定は二〇二〇年）、オンカロを視察した。帰国から間もなく、「毎日新聞」のコラム「風知草」で、保管期間は「一〇万年だよ。三〇〇年後に考える（見直す）っていうんだけど、みんな死んでるよ。日本の場合、そもそも捨て場所がない。原発ゼロしかないよ」と発言した[90]。なぜ小泉がオンカロを見学することになったか。「風知草」はこう書いている。

四月、経団連企業……経営者が口々に原発維持を求めた後、小泉が「ダメだ」と一喝、一座がシュンとなった……その直後、小泉は……「オンカロ」見学を思い立つ……原発関連企業に声をかけると反応がよく、原発に対する賛否を超えた視察団が編成された。

この旅行中小泉が「あなたは影響力がある。考えを変えて我々の味方になってくれませんか」と言われたことも「風知草」は紹介している。

小泉は一一月一二日には日本記者クラブでの会見で、安倍晋三首相に原子力発電ゼロの決断を迫った。その際、自身のオンカロ見学をこう述べている[91]。

四〇〇メートル地下に降りる。縦横二キロ四方の広場を造り、円筒形の筒に核のごみを埋め込むんだ。二基分しか容量がない。フィンランドには原発が四基ある。あと二基分はまだ場所が決まっていない。住民の反対のためだ。一〇万年もつかどうかを調べなきゃいけない。振り返って日本を考えてみてほしい。四〇〇メートル掘るうちに温泉出てきますよ。

彼が日本で核のゴミの最終処分場建設は無理と考えた理由はふたつある。ひとつは「掘るうちに温泉が」と言うように地盤と水の問題がある。オンカロは一八億年前に形成されて以降動いたことのない地盤だった。日本にはそんな安定した地盤はない。一五億年以上前のアフリカに五〇万年間存在したオクロの天然の原子炉出現の理由は、核分裂物質と豊富な水の存在だった。もうひとつは、日本の首相を五年間務め日本の権力構造（の謎？）を知り尽くした人間として、日本で住民を説得してオンカロのような施設を作ることは政治的に無理と判断したようだ。

単純な計算をする。オンカロ並みの施設を作るには最小でも、二キロ四方の土地が必要で、その面積は四平方キロだ。福島第一原子力発電所の敷地面積は三・五平方キロで、核のゴミの最終処分場としてはせいぜい二基分ということになる。ところがその敷地には第一から第六まで原子力発電所が六基ある。つまり、たとえ福島第一原子力発電所の敷地全部使っても、そこで生れる核のゴミの三分の一しか処分できない、残りの三分の二の処分先を考える必要があるということだ。一〇万年存在し続ける最終処分場建設地を一〇カ所以上準備することは可能なのだろうか。それは政治的に無理だろう。小泉は今でも大量の核のゴミがたまり保管場所に苦労している現状で、原子力発電所を再稼働すればさらにゴミが増え、負の遺産が積み上るばかりと判断した。そうならないためには、三・一一以降何度か、そして現在も、日本は原子力発電所ゼロで動いているのだから、「私は即ゼロの方がよいと思う……今もゼロだから」と答えた。

米国にはネバダ州のユッカマウンテンに核のゴミの最終処分施設を建設する計画があったがオバマ政権によって白紙に戻っている。どの国も核のゴミ処分場の建設地の確保ができない状況だ。すでに一九六三年、米国の初代AEC委員長（一九四六－五〇年）、D・リリエンソールはこう述べていた。[92]

原子力発電所はどうしても、恐ろしい放射能を含有する副産物を出すものである。最近何年もかけて研究して、この有毒な廃物を安全に処理する方法をあれこれと考究したが、少しも発見できなかった。また処理工場で処理する方法や、発電所または処理工場から埋没地まで安全に運搬する方法も考究したが、安全な方法は一つも発見できなかった。人間の生命を脅かすこの巨大な量の廃物が地下に蓄積されると、それが今後人類に対する潜在的大危険の源泉となるであろう。またそれは従来の火力発電所の炭ガラに比較して、相当巨額の費用が余計にかかる源泉である。

バックエンドの最終部分である核のゴミ最終処理問題は当初から原子力発電のアキレス腱のひとつだった。リリエンソールは七〇年代になると、核のゴミの問題はこれにとどまるものではなく、人類の生命にとって、そして米国の安全にとってより大きな深刻な問題であると認識するようになる。「現在の方法では平和目的の発電が、同時にプルトニウムを作り出してしまう」[93]という問題、すなわち核のゴミの再処理という名目の核燃料サイクルを進めると、必然的に原爆の原料となるプルトニウムが作られ核拡散を助長するという問題である。彼は、「平和のための原子力」は魅力的なスローガンだが人を欺くと指摘し、今問題なのは「戦争のための原子力」であり、核の商業利用はそれ自身の危険性と核拡散、両方の危険性があり「両刃の剣」となっていると指摘している[94]。通常両刃の剣は正と負の両面という意味だが、ここではどっちに転んでも負しか生まないという意味で使われている。二一世紀になると核物質によるテロの危険性も考えなければならなくなり、核のゴミは三重苦の課題となっている。

日本は長年英仏両国に委託して、核燃料サイクルという名目で核のゴミの再処理を行い、四四トンのプルトニウム、長崎原爆七三〇〇個分を貯め込んでいる[95]。リリエンソールはこうした状況の出現をおそれていた[96]。

一九七六年一月、私は上院の委員会に招かれこの問題に関する私の見解を述べた。私は、AECが長年広範囲にわたり行ってきた、使用済み核燃料を再処理し爆弾原料であるプルトニウムを取り出す技術と装置を諸外国に輸出する措置を直ちに止めるべきだ、と述べた。私は効果的な国際管理が確立されるまでは、禁輸措置あるいはモラトリアムが必要だと訴えた……フォード政権は使用済核燃料の再処理技術の輸出に関して私の提案を受け入れた。カーター政権も禁輸措置を続けており、現在これは米国の政策となっている。

日本で一九七七年の再処理工場建設中断につながったカーター政権からの要請は日本にとっては

ショックでも、米国にとっては党派を超えた「必然」だった。

原理的に無理な挑戦――原子力開発と地震予知

地震予知研究計画の発端となったブループリントが六〇年代半ば過ぎに科学理論として市民権を得たプレート理論とは独立に準備されたことは見た。その後「予知」可能性の支柱としてその考え方が取り入れられた。地震予知計画は科学に基づいた技術ではなく、雑多な現象を拾い集め、その中に地震の予兆を見つけ手探りで体系化しようとする試みと見るべきだろう。その試行錯誤を半世紀以上繰り返した結果、今では無謀な試みであったことがはっきりした。

ブループリントに基づく地震予知が無理だったことはプレート理論で整理すると見えてくる。プレート理論では、じわじわ動くプレート上に陸地が乗り、その動きによってプレートの境界に歪みがたまり続け、限界を超えるとそれを解消するための破壊がプレート間で起きる。それが巨大地震だ。歪みの限界点を予測することは今のところできないし、できる見通しも立っていない。割り箸一本を両手にもってゆっくり折ろうとした場合、いつ折れるか、どの場所で折れるかは一本一本違う。はっきりしているのは左右のつかんだ場所の間のどこかでいずれ折れる、ということだけだ。地震もプレート境界のどこかが、いつ、どのように壊れるかを予測できる状況ではない。プレート理論の信頼性が確立された六〇年代後半、それは地震予知研究計画から「研究」の二文字が消え、地震予知計画となり予算規模が拡大した時期だが、こうした観点から計画を見直せば、見当違いの研究に半世紀間に数千億円という研究費と[97]、研究者のエネルギーとが浪費されることは防げたのではないかと思う。

核分裂による発電、原子力発電はどうだろう。アイゼンハワー演説から六〇年が経過し、いわゆる先進国である独は二〇二二年までの原子力発電所廃止を決め、伊はチェルノブイリ事故の後、一九八七年の国民投票によって原子力発電所をもたない合意ができ、その後紆余曲折はあったが今日に至っている。これはシステムとしての、言い方によってはパッチワークである、原子力発電技術への不信感故である。どちらもＥＵの国であり経済的に豊かなだけでなく人口が多い国だ。そのことが原子力発電の危険性に敏感な国民感情を生み出したのだろう。似たような観点から米国が生み出した原子力発電、軽水炉に疑問を投げかけた人物がいた。先に見たＡＥＣ元委員長のリリエンソールだ。彼はビジネスマンで、科学者ではないが、戦前ニューディール計画によるＴＶＡの理事長を務め、その実績を買われ委員長となった。その彼が一九六三年から、自分は原子力発電を推進してきた中心人物のひとりだったし、今後もその立場は変わらないとしながら、原子力発電に懐疑的な見解を表明するようになった。そのきっかけは当時彼が住んでいたニューヨーク市に原子力発電所建設計画が持ち上がったことだった。

彼がＡＥＣ委員長のポストを去ったのは、一九四九年にソ連が原爆実験に成功したことに対抗するための水爆開発計画に反対した結果だった。それによって彼はＴＶＡ時代から通算二〇年にわたった公務から離れ、自由な民間人として活動するようになった。水爆開発計画に反対したもう一人が、原爆開発のマンハッタン計画の科学者側の中心人物、R・オッペンハイマーだった。彼はその反対の結果、当時の米国社会に吹き荒れていた「アカ狩り」の対象となり、公職追放の憂き目にあった。彼の名誉回復は一九六三年、J・F・ケネディ大統領からエンリコ・フェルミ・メダルを授与されることで果された。

一九六二年一二月、ニューヨークのエネルギー企業、コン・エディソン社が同市のイースト・リバー沿いのクイーンズ地区への原子力発電所建設許可をAECに申請した。一四ヵ月後、六四年一月、コン・エディソン社は許可申請を取り下げた。同社の断念についてリリエンソールは「この決定はニューヨーク市民の健康と安全にとても重要なものと考えている」[98]というコメントを発表した。彼は原子力発電所計画が進行中の六三年二月、プリンストン大学で原子力について連続講演を行い、それを『原爆から生き残る道――変化・希望・爆弾』（注の（92）、以下では『変化』と略記）として公刊した。このときの彼の基本的立場はこうだった[99]。

原子力から、非常に安くて豊富な電力を生産できれば、「今日のわれわれの生活様式は一変してしまうであろう」が、そういう魔術のような技術の発見を期待している人や、予言する人は今日一人もいない……今日原子力の目的は全然ちがったものとなっているが、要するに、石炭や石油や水の落差を利用して生産した電力と全く同じ、あるいは同じように役立つ原子力電力を生産すること、しかも従来の電力と、コストにおいて「競争できる」電力を生産することが企図されるべきである。

民間企業が大都市に原子力発電所を建設しようとするのは、送電網の短縮ということで経済合理性にかなった選択だが、「万が一」の事故を考えると、非現実的だとリリエンソールは判断した（100）。

私は現在の目標は「役に立つ」電力の生産であると述べた。しかし核発電所に隣接した人口稠密なところでは（たとえばニューヨーク市の中心部に建設が予定されているものもあるので）、何百万人もの住民の生命と健康に危険を与える可能性があるので、たとえ核発電所の最終的コストが従来の発電所の生産電力と同一か、あるいはそれ以下であっても、従来の発電所と同じように「役に立つ」とは断じがたいのである。

彼は「事故なり、人間の誤りなり、従業員がストをおこした場合」従来の発電所とは比較にならない危険な状況が生まれるだろうと指摘している。原子力発電所が危険なのは、燃料として使用される核燃料が「恐ろしい放射能を含有する副産物を出す」ことにあり、そのためひとたび事故を起こすと被害の広がりが計り知れないことだ。このときリリエンソールは、原子力発電所はどこにでも建設が可能な施設ではなく、建設場所が限定されるプラントだと認識していた。これは自動車という技術が有効なのは道路上で、地面の上であっても田んぼを走ることは無理だ、という限定に通じる問題だ。

ニューヨーク原子力発電所建設中止から一〇年後の一九七三年、日本で核物理学者の菊池正士が、核科学の観点から原子力発電技術はその規模を一定以下に保つべき「限定」的な性格をもっているのではないかと指摘した論文、「原子力発電の安全性とパブリック・アクセプタンス」[101]を発表した。彼は原子力委員会委員（一九五七―六〇年）および原子力研究所の理事長（一九五九―六四年）を務めた人物だ。菊池はその論文タイトルから分かるように、原子力発電はまだ日本国民が認めるものとはなっていないと認識しており、市民権を得るための方策を述べ、より広い議論を求めている。彼は論文の最終部分で原子力学会へ提案を行っている[102]。

原子力学会が中心となり専門委員会を作って、最大事故の場合の災害評価を行い、我が国に置かれる原子力発電所の容量に上限を付する必要があるかないか？　あるとすればどのくらいにするか？　について検討のための資料を提供する。

一九七三年は、脱原子力の活動をするために高木仁三郎が大学を去り、阪大の久米三四郎が国会で、原子力発電は安全とする迷信あるいは神話の存在を指摘した年だった。他方でこの年、一基で発電量が百万キロワットを超す原子力発電所が茨城県と福島県で各一基着工されていた。前年にはほぼ同規模のもの二基の工事が福井県ではじまっていた。

発電量が多いとそれだけ原子炉内の核燃料が多くなり、核分裂によって生まれるプルトニウムなどの核のゴミの量が多くなる。順調に運転されている間は問題ないが事故が起きると原子炉内の放射性物質が外にまき散らされる。一九七〇年代になると国際的にも従来の五〇万キロワットクラスから倍のクラスへの移行が本格化し、原子力発電所の安全性評価が重要な課題となった。

日本で安全神話の支柱のひとつだった、原子力発電所一基が大規模な事故を起こすリスクを分析し「最大被害が一四〇億ドル程度で、発生確率は約一〇億年に一回」と算出したラスムッセン報告[103]の公表は一九七五年一〇月だが、準備は七二年ころからはじまっていた。この調査・分析は三〇〇万キロワットの軽水炉をモデルに、AECのプロジェクトとして行われた。七五年初め、AECから原子力規制委員会（NRC）が分かれたため、報告書はNRCの正式文書として発表された。しかしこの報告は公表直後から批判にさらされ、公表三年半後の七九年一月、NRCはラスムッセン報告の一〇億年云々という確率的予測を絵空事として退けた。それから二ヵ月後の三月二八日にTMIの事故が起き、同報告の米国での命運は尽きた。一四〇億ドルは一九七五年当時の円ドルレートだと、四兆二千億円（二〇一三年末のレートだと一兆四千億円、日本における原子力発電所強制保険の一二〇〇億円の一〇倍）となる。福島第一原子力発電所事故の損害賠償額は五兆円ではおさまらないと推測されている。

菊池の問題意識はこうだった[104]。

放射能の問題は……専門的立場から考えれば、管理さえ正しく行われ基準が守られていれば問題のないことがはっきりしている。それでもなお不安が残るのは、大事故が起って放射能の管理が不可能になり、炉心にたまった大量の放射能が炉の外へ出ることに対する不安から来るのである。このことは一般公衆の原子力アレルギーというような単純な問題ではなく、原子力の推進に当る専門家にとっても避けることのできない宿命的な課題である……U・S・AECの委員の一人ダブ氏が……過去のアメリカのやり方に対する反省をも含めて「"There is nothing to fear but fear itself"（［恐れることは何もない、あるのは恐れる気持ちだけだ］、引用者による訳）というような単純な言葉で片づけられる問題でない」と述べているのもそのことであろうと思う。この不安を説得する標準的の論旨は「どういう場合にそういうことが起るかについては充分検討されており、それに対する工学的安全対策が何重にもとられているからその心配はない」というものである。しかし工学的安全対策が絶対ではない……そういう立場に立って一般の容認を得るような論旨を求めることは、大事故の場合の災害の大きさにかんがみ非常にむずかしい問題になる。しかし、この問題と正面から取り組み、これを乗り越えることが原子力開発を進める上でどうしても果さねばならぬ課題であると信ずる。我が国では現在までのところこの議論はタブーとされているが、世界的視野に立てば真剣な論議が進められている。以下、二つの代表的な考え方について述べる。

「二つの考え方」は後で見るとして、ここで注目すべき点は「この議論はタブー」という記述だ。この時期、日本で原子力発電所の大事故の際のシナリオ作成の議論を封印した上で、「安全神話」作りが進行中だったことが分かる。そして菊池はその流れを、現実から眼をそらす行為として深刻に憂慮していた。

原子力発電所受容を説得するためのふたつの考え方のうち、菊池は一方を有力な方法と考えており、他方の彼が第一の考え方としたものについては、「近頃盛んになっているRisk-Benefit-Analysis（ＲＢＡ）を、大事故の場合のような確率の非常に小さい場合にまで拡張してそのリスクを数値的に求め、社会における他の原因によるリスクと比較しようとするものである……今日までのところでは大事故の場合を通常のＲＢＡ法で処置する試みはいささか形式的にすぎ、説得力に乏しく、あまり期待できないと思う[105]」、と否定的だ。この方式でのリスク計算は、事故の確率とその被害の大きさとを掛け合わせるのだが、ラスムッセン報告のように発生確率をとてつもなく小さく見積もれば見かけのリスクを低く算出できるが、発生する可能性のある被害が天文学的なまでに大きい場合、それでは意味がないということだ。

もうひとつの、彼の言葉では第二の考え方は単純な確率論ではなく現実を見ることからはじめる[106]。

事故の確率をいやが上にも小さくする努力を並行させることにより、発電計画の推進について一般の承認を得ようとするものである。つまりその裏には、確率は非常に小さいが万々に一つの場合、災害が公衆に及ぶこともなしとしないという立場である。したがって、電力増強に対する社会的要求が極めて高いという背景が絶対に必要である。つまり我々の前には、電力を増強するかしないかという第一の選択があり、さらにするとすれば原子力でゆくか火力でゆくかという合計三つの選択がある。

この論文から半年後、一九七三年一〇月に第四次中東戦争が勃発し、オイルショックが起きた。原子力発電を推進する側からすれば、「電力増強に対する社会的要求が極めて高い」状況が到来した。三・一一以降何回か原子力発電ゼロの状態が続いているが、小泉純一郎が指摘するように日本社会は活動を止めることなく動いている。その意味で今は、電力への社会的要求が極めて高い状況ではない。

菊池は原子力を選択しているのだが、原子力発電所事故の確率がゼロではない現実と向き合うにはどうするか、破局（以下の引用ではカタストローフ）をさける確実な途は原子力発電所一基について許容可能な容量を見きわめることだと考えた[107]。

いかに小さいとはいえ大事故発生の確率が打ち消されずに残っている……たとえ事故が起ってもカタストローフにならぬための唯一の方法として、容量制限の問題が出て来る筈である……容量に上限をつけるためには、許容し得る災害の限界をどこにおくかという非常に困難な問題に逢着することを覚悟せねばならないが、そのために必要となるのは最大事故災害の評価である。

この評価を原子力学会の研究者が行うべきだ、というのが学会への提案だった。菊池はこの問題で彼の弟子で茅・伏見提案の伏見に議論の場を作るよう依頼していた。伏見は、チェルノブイリ事故の翌年、論文発表から一四年後、一九八七年、こう回想している。(108)

亡くなる数年前から、原子力行政に力のある科学者を集めて、原子炉の安全性を議論してもらいたいとしきりに言われていました……原子力委員の多くは、何も本当のことはわかっていない……委員会の連中も、原子力局の役人たちも、ことなかれ主義で、原子力は安全と主張するだけで、何も真剣に考えてはいない……物事の本質を考える人たちを集めて議論をしてもらいたいというのでした……先生の意向は一向に実現しませんでした。

菊池が求めた会合は一回きりで終わってしまった。伏見を含め声をかけられた人々は、「容量制限」は経済効率という点で現実的ではない、と考えたのだろうか。しかし三・一一を経験した今、菊池の見通しは現実的だった、特に日本でそうだったことが分かる。声をかけられた中にはもっと別の思惑から議論に積極的でなかった人もいたかもしれない。菊池がその論文で述べているように、こうした問題を取り上げること自体がすでにタブー視されており、事故の可能性を議論することが原子力発電推進にとって障害となるという思いが、安全の問題より優先していた人もいただろう。すでにこのころ安全神話の存在が指摘され、「原子力ムラ」が形成されつつあった。

菊池の論文から六年後、米国でTMI事故が起きる。「万が一」の事故が起きたことに触発されリリエンソールはATOMIC ENERGY: A NEW START（『原子力エネルギー――新しい出発』、注の(93)）を発表した。この段階でも彼は、原子力開発は進めるべきだという立場だが、英国などとの競争の結果、艦船用原子炉を急遽転用してはじまった軽水炉による原子力発電は根本的に考え直すべきで、「新しい出発」が必要だとしている。

リリエンソールと菊池に共通しているのは、原子力発電は不完全な限定的技術という認識だ。より安全な原子力発電を考えたとき、軽水炉には限界があり、菊池は大きさ制限の導入を、リリエンソールは軽水炉以外のものの開発を含めて再考することを提案している。しかしムラの論理が、都合が、リリエンソールや菊池の技術としての原子力発電の限定的性格の指摘を無視し、遠ざけた。こうした流れで三・一一を見ると、一九六三年の三井三池の炭鉱事故は日本における石炭から石油へのエネルギー革命のはじまりを示したものだが、それに匹敵あるいはそれ以上の意味をもつだろうと感じる。何年か先、三・一一は世界的なエネルギー革命、すなわち石炭・石油といった化石燃料とその補完的・過渡的エネルギーである原子力から、再生可能エネルギーと省エネルギーへの変換へと導いたできごとだったと位置付けられるだろう。

ムラ社会が革新を阻害する

リリエンソールと菊池に原子力発電技術への懐疑の念を催させた原因のひとつは、原子力発電を推進する組織、原子力ムラへの不信感だった。

リリエンソールの場合、その最初のきっかけは彼の地元、ニューヨーク市への原子力発電所建設計画が発端だったかもしれないが、もうひとつは原子力発電所を運営するための社会インフラだった。彼の目にはＴＶＡの発電所と原子力発電所とでは「資本主義の精神」という点で大きく違って映った。それはこういうことだった。[109]

アメリカの保険事業は原子力発電所から生ずる可能性のある人間の生命と財産に対する非常に広汎な潜在的危険を全部保証することは拒否した。そこでアメリカ政府は、特別の法律を設けて、これらの危険のうち公衆に災害を及ぼす方面の大部分については保険をかけることとしている。もちろん原子力に関係のない発電所については、何ら保険に関する問題が生じていない。税金で賄う保険に金をかけて、人間の生命と健康に対する危険を軽減するということが、道徳上いいかどうかについては、かなり疑問が残っている。

すでに見たように日本では各電力会社が加入を義務付けられている原子力発電所保険の補償金の上限は一二〇〇億円までだった。三・一一は原子力発電所事故では一二〇〇億円が焼け石に水であることを教えた。現在日本では東京電力に対して政府が税金を投入して補償・賠償そして除染その他の処理を進めている。

こうしたやり方には、リリエンソールは資本主義社会の倫理として問題があると感じるだろう。彼の指摘から半世紀経過した今、資本主義社会においてそのルールに則った保険制度では手に負えない技術は、資本主義的な経済合理性を欠いている、すなわち商用・民間技術として成立していない、と判断すべきではないだろうか。一九六〇年代前半のリリエンソールの関心は、資本主義社会において原子力発電は商業的に成り立っているのか、ということだった。

リリエンソールは一九七九年のＴＭＩ事故直後の状況をこう見た[110]。

それは、一般人の原子力発電の安全性への信頼を失っただけではない。原子力ムラ自体、科学界も産業界もどちらも自信喪失状態だ。それがこの問題についての心配の感情の大きな原因となっている。原子力ムラの人々は自分たちが実現した、しかし完全には信頼できないシステムを遮二無二守ろうとしてきたことに気付いた。しかしそのシステムには彼らのプライドが、各自のキャリアや名声、そして企業の場合は投下資本が絡んでいる。こうした条件下では彼らの声はときに反対者のそれと同じように甲高いものとなり、彼らは非合理的なアピールや策略をこらした広報に走りがちとなる。

リリエンソールは「原子力ムラ」という表現はしていない。その部分は原文では the atomic establishment となっているが、あえて意訳をした。米国では一九八二年には The Cult of the Atom: The Secret Papers of the Atomic Energy Commission（『原子力教団――ＡＥＣ秘密文書』）という本が出ている。著者は経済学者で憂慮する科学者同盟の代表委員、Ｄ・フォードだ。

ＴＭＩ事故直後のリリエンソールの関心は、本来単純なメカニズムのはずの、核分裂の熱を冷やす水を使って発電するだけの軽水炉がなぜ複雑なシステムの「怪物」となってしまったのかに広がり、今や根本的な見直しが求められており、新しい出発が必要だと訴えるようになった。米国市民・社会がこうした危険を放置した背後には一種の神話＝まやかし、「専門家」が作り出した原子力発電所が非常に複雑で素人には議論さえできないものだという風潮の存在を指摘している。彼は、原子力発電所はなぜそんなに「複雑」なシステムとなってしまったのかを問い、原子力発電所は単純なものだったはずだが、それがどこかで迷路に入り込んだ、と指摘した[11]。

発電用原子炉は複雑で理解できない、ということはない。ことの核心・要点は簡潔に数パラグラフで述べることができる。原子炉、炉（かまど）の中の燃料集積体に点火すると、しばらくして「連鎖反応」がはじまる。炉にはどこにでもある水、軽水、が流れており、これが温められて蒸気となり発電タービンを動かし電気を作る。見方によっては石炭や石油の化学的燃焼で蒸気を作るのに似ている。しかし決定的に違っているのは、湯沸器の温度がとてつもなく高い

(fantastically higher) という点だ。通常の化学的燃焼の場合の配管ではその高熱に耐えられない。そして燃料が、凶暴で致死的な放射性物質だということが、なにより決定的な違いだ。燃やした後には、これを交換する時期が来ることが厄介だ。

三・一一では「想定外」という言葉が多用された結果だろうか、釜石市で当日小中学校にいた生徒全員が助かったことが「釜石の奇跡」と呼ばれた。これは普段・不断の備えで被害を免れたのであり、奇跡でも何でもない、どこもそれだけの備えをしていれば、実現できたことだろう。それ以外にも、JR東日本の鉄道で車両が津波にのまれた例はあるが、乗客乗員に身体的被害が出なかったことも、百人以上が死亡した一九二三年の関東大震災の例と比べると「奇跡」に近いと言えるだろう。

他方で、何重にも安全装置が準備されていたはずの原子力発電所で、国際基準上最大となるレベル七の事故を起こした。地震で止まった発電所は原子力発電所だけではなく、多くの火力および水力発電所も停止した。しかし原子力発電所避難区域以外のプラントの多くは数日で復旧し、二ヵ月後の五月中旬には全てが発電を行っていた。ところが三・一一から四年が経過しても福島第一原子力発電所は事故の終息にはほど遠い状況で、時々テレビ画面に登場する福島第一原子力発電所の状況から「怪物」となった巨大なプラントとシステムの複雑さが見て取れる。こうした映像を繰り返し流すことは、これまで「専門家」が行ってきた情報操作、原子力発電所のシステムは複雑で、自分たち以外の人には理解が困難という神話を助長する役割を果たしている。原子力発電所では事故の都度「安全装置・措置」が導入されその構造は複雑になり、外見的には巨大で人を遠ざける舞台装置が整えられた。

かつて一六世紀、N・コペルニクスは新しい天文学が必要な理由をこう述べていた。今天文学者は「手や足や頭その他の部分……を寄せ集めて、人間を作るというよりはむしろ怪物を作っている」[112]。コペルニクスはグロテスクな姿となってしまった従来の天文学、地球中心説に見切りをつけ、新しい天文学、太陽中心説を作った。天文学には取りつくろうという意味の「現象を救う」という伝統があり、地球中心説という大枠からのズレを取り込み、その都度理論を修正してきた。ひとつ修正が施されると新たな、より小さなズレが暴露され、新たな修正が必要となった。その積み重ねを一三世紀間続けた結果、地球中心説は「怪物」となり、コペルニクスは新たに太陽を中心とするアプローチで天文学を作り直したのだった。リリエンソールは軽水炉が、事故のたびに付け加えられた「安全装置」で本来単純なシステムだったものが怪物となり、「専門家」しか扱えない複雑なものになってしまった。それを市民の手に取り戻すために、核分裂を使った発電方法として軽水炉に代わるものを作り出す必要があると感じたのだ。

しかし、原子力発電の世界にコペルニクスは現れなかった。むしろそうなりそうな人の足をひっぱるのが原子力発電業界だと、リリエンソールは危惧していた[113]。どんな学問領域でも衰退期には保守的な空気が蔓延するものだが、米国原子力学界は平和のための原子力演説から四半世紀ほどしか経過していないのに、既にその気配が漂っていたようだ。日本にもそうした状況があり、それが菊池の容量制限の提案を葬ったことはすでに見た。

原子力ムラが公正な社会を損なう

技術の安全な運用には工学的なハード面だけではなく、その運営にかかわる人々の意識というソフト面がきわめて重要だ。菊池に容量制限の必要性を考えさせたのは原子力ムラへの不信感だった[114]。

原子力事業に従事する人達の意識の中に大事故の問題が活きていて絶えず真剣に事故の可能性を低くする努力が続けられていること。このことは工学的安全対策を補完する重要な役割を果す。原子力従事者（推進者を含め）の安全に対する過信は事故の確率を著しく増大する恐れがある……アメリカでは……ＡＥＣの委員長のシュレシンガーが電力界やメーカーのトップレヴェルの人達に宛てた手紙……激しい警告的な語調でそれらの人達の安全性に対する責任の重大性について述べ……ている。日本に見られぬ現象である。Ｕ・Ｓ・ＡＥＣの大事故に対する考え方の一端が期せずしてうかがえるように思う。

原子力ムラは日本特有の存在ではなかった。すでに米国で形成されていた。リリエンソールは

『変化』の第三章「原子力の袋小路」で、原子力ムラが出現した原因を明快に分析している。原子力をめぐっては、AECが発足した一九四六年当時五つの「神話」があったが、一九六〇年代前半には既に神話＝ウソにすぎず、現実味のないことが明らかとなっているのに多くの人々の考え方を縛っていると指摘している。[115] 五つの神話、彼の用語では「仮定」、は次の通りだ。

一　核兵器の「秘密は米国が握っている」

二　核兵器はアメリカの軍事的安全保障のため必要

三　原爆の巨大な破壊力は「現代人を時代遅れ」とした

四「地下のアメリカ」

五「原子力平和利用」

一と二を神話、と考えたためにリリエンソールは水爆開発に反対しAECを去ることになった。彼の認識だと、三の神話故に「世界連邦」という考え方が生まれ、また四の核被害を避けるための「地下都市」建設の考え方はすたれたが、五については他の四つの神話と比べればまだ若干の命運を保っている。しかし「国際原子力機関が設立……この計画に基づき核ストックを減らすことによって、核戦争の脅威をなくす……『査察』技術の経験を積む」ことで平和構築に資するかどうかはっきりしない、としている。これはまさに一九四五年六月一一日付けでまとめられた、陸軍長官に宛てた日本への核兵器使用を思いとどまるよう求めた「フランク・レポート」[116]の見通しの正しさを裏書きする結果だ。同レポートは、核の秘密は科学的発見の常として数年で破られることは明白で、そのときに米国が道義的立場を維持して、核の国際管理を進めるためには、日本に対して核兵器を使用すべきではない、と勧告していた。レポートをまとめたフランクは、一九二五年にノーベル物理学賞を受賞し、三三年、ヒトラー政権の誕生とともに独を逃れて米国に渡ったJ・フランクである。

リリエンソールが核の「平和利用」の米国社会にとっての問題点として指摘しているのは、エネルギー源として原子力を特別な存在としたことによって、その実現に当たりAECを含めそれまでの米国では例のない組織が作られ、その結果実業界や学界などに生み出されたゆがみだ。AEC発足についてこう記している[117]。

この新しいエネルギー源の口を平和利用のために開けて、例の「新しい世界」という期待……アメリカの歴史はじまって以来、初めてのことであるが、新しい技術開発が政府の独占事業となり、その将来も普通の競争相手のある企業ではなく、政府の単独代行機関である原子力委員会という巨額の資金と広大な権限とをもったものに委ねられたのも、こういう期待があったればこそである。

しかし一九六三年には「議会が一九四六年にAECに独立した唯一無二の地位を与えた」[118]根拠、①核の「平和利用」のための非軍事的機関の創設、②米英のみがもつ核の秘密保持の体制、③「原子力のもたらす豊かな『新しい世界』」、これらはすべて失われている。①の非軍事的機関は名目的には大統領の下にあり文民統制だが実態はそうではなくなっており、②はすでに破綻しており、③が夢物語に過ぎないことは誰の目にも明らかとなった。

むしろ今や、前例のない「巨額の資金と広大な権限」がもたらすゆがみが問題となっていることに気付くべきだと説いている[119]。必要なことは「原子力をアメリカ民生活の流れの中へ完全に引き戻し、適当な釣合をもった役割を果たさせるための措置がとられることである……原子力だけに優先的待遇を与えるということではない。私は原子力科学が、過去の陶酔感のために……当然の分け前以上のものを獲得されることを好まない。国家のために均衡のとれた全般的な科学発展を確保する最も効率的な方法……もっと広い基盤をもった全米科学財団」にAECの機能を移すことも必要だろう、としている。

彼がこうした必要性を感じるようになったのは、原子力エネルギー開発が米国社会の健全性を損なっているという認識で、その実態をこう指摘している[120]。

超役人というグループ……政府の機能として働いていながら、政府とその責任から独立している人たち、また民間会社にいるのと同じような条件で雇われ、給与をもらい、監督を受けていながら、現実には政府の仕事をやっているといったことは他に類例がほとんどなかったと思われる……彼らは民主主義に則った公的生活というものの厳しい、本質的、顕著な特性、すなわち公明正大に一般大衆の注視を浴びて、直接責任をとることを本分とするという特性から事実上免責されている。このように民主主義の原則がおかしくゆがめられた原因は、見方によっては原子力にある。

ゆがみは役所に限らず、大学も巨額な原子力予算で従来の研究や教育面の健全性が失われ、資金供給元である政府やAECなどの意向を無視できなくなったことも指摘している。彼は原子力予算という札束で萎縮している大学人も見られ、これは「正面から取り組んで解決しなければならない問題である」[121]と記している。この問題は一九五四年の中曽根予算出現当時、日本の科学研究者や大学関係者が指摘した懸念でもあった。

こうした経緯以外に、米国そして日本で原子力ムラが生まれた遠因は、研究開発者の士気の低さもあるかもしれない。マンハッタン計画の支柱でフェルミ・メダルに名を残しているE・フェルミの弟子のH・L・アンダーソンは「二個の原爆が日本に投下されて壊滅的な効果をもたらした……急にわれわれは原爆に対するすべての関心を失った」と書いている。そして大部分の研究者が大学に戻り、「自分たちにできる研究と教育」に帰った。[122]好奇心をかき立て、心を奪われる計画であれば研究者は研究に没頭し、新しいアイデアを出すだろうが、何か二番煎じだなぁ、と考えるテーマに取り組むときにどんなモチベーションをもてようか。

三・一一後の社会――せめぎあい

技術は当面は間に合わせのものでも、それほどモチベーションがわかない課題でも、失敗を繰り返すうちに完成度の高い、使えるものになっていく。ところが原子力発電の場合は技術革新を促進する大きな失敗や「実験」は許されない。その結果、原子力発電は三・一一によって未完成な技術として事故を起こし、今日に至っている、と考えている。

原子力発電をやめる工程は、原子力ムラなどの存在を許さない、より公正で透明性の高い社会を実現する道筋の必須の要素となるだろう。脱原子力発電は放射能による危険を排除することにとどまらず、人が人として生きていくより健全な社会を作るために必要な過程だ。

三・一一から間もなく三年となる二〇一四年二月七日、「日経」は「もんじゅ『増殖炉』白紙　政府、エネ計画から削除」という見出しの記事を出した[123]。この報道について菅官房長官は閣議後の記者会見でコメントした。それをロイターは次の見出しで伝えた。「『もんじゅ』見直し、方向性を決めた事実は全くない＝菅官房長官[124]」。官房長官はもんじゅが白紙になることを否定しているわけではない、まだいろいろな可能性があり、方針は決まっていない、としているだけで「日経」の誤報ということではない。さらに一週間後、「読売」は「首相「反省すべき点は反省」…もんじゅ位置づけ」という見出しの記事を出した[125]。ゆっくりだが、限定的技術である原子力発電技術そしてより危険な核燃料サイクルからの撤退の動きが感じられる。

しかし経済産業省は、三・一一から間もないころから世論の動向を無視して原子力発電再開の画策をすすめ、二〇一四年にはその動きをさらに強めている。そのための布石として、「正常化…」の終わりで見たように原子力発電を停止することで四兆円もの国富が国外流出しているという情報操作が展開されている、と見るべきだろう。そう考えるのは「国境なき記者団[126]」が毎年発表している報道の自由度ランキングで、日本の順位がつるべ落としに下がっているためだ。世界約一八〇カ国中日本は、二〇〇九年が一七位、一〇年は一一位だったのが、一二年が二二位、一三年が五三位、一四年は五九位だ。国境なき記者団によれば、日本では東日本大震災の津波やフクシマで過剰な報道規制が敷かれ、報道の多様性の限界が明らかになったことが順位をさげた理由だ。さらにさげた一三年については、フクシマ報道が一層厳しく制限されていることと自己検閲の横行、また権力による取材制限を支えてきた「記者クラブ」改革が進んでいないことを指摘している。そして一四年については、フクシマについての情報の透明性が欠けていることと、特定秘密保護法の成立を報道の自由度を引き下げる要因として指摘している。

国民は核のゴミはどうするのか、フクシマの事故の原因は解明されたのか、フクシマで今も高濃度の汚染水漏れが頻繁に報道される状況にみられるように事故は制御されていないのではないか、いろいろな心配をしている。それにこたえることなく、秘密裏に再稼働を進める姿勢は三・一一でも変わっていない。この姿勢を変え、原子力発電が過渡的な技術であることを認識し、早期に廃炉技術の確立をすることが、日本の産業界にとってそう遠くない将来、世界各国が脱原子力発電にむけて走り出すとき、切り札として機能するはずだ。

（本稿は『神奈川大学評論』七五号、七六号および七七号に掲載された「三・一一が破壊したふたつの神話」、および同じタイトルで発表した神奈川大学国際経営 Project Paper No.28 の論文、に加筆したものである）。

注（引用にあたり、またこの注の表記において、縦書きとするためアラビア数字のうち漢数字で表記して違和感のないものは漢数字に変更している）

（1） 内閣府南海トラフ沿いの大規模地震の予測可能性に関する調査部会報告（五月二八日）、http://www.bousai.go.jp/jishin/nankai/yosoku/pdf/20130528yosoku_houkoku1.pdf 二〇一三年五月二九日閲覧

（2） 原子力規制委員会会議録（五月二二日および二九日）、http://www.nsr.go.jp/committee/yuushikisya/ 二〇一三年五月二九日閲覧

（3） 東京新聞、二〇一四年一〇月一二日朝刊、http://www.tokyo-np.co.jp/article/national/news/

CK2014101202000113.html　二〇一四年一〇月二五日閲覧

（4）「米韓原子力協定を二年延長　再処理解禁は合意至らず」、2014/3/19 10:16　http://www.nikkei.com/article/DGXLASGM22H68_S5A420C1FF/　二〇一五年四月二八日閲覧

（5）「貿易収支赤字の要因～原発停止で四兆円赤字拡大、原発停止は二〇一三年のエネルギー輸入金額を四兆円程度押し上げ」、大和総研「経済分析レポート」、http://www.dir.co.jp/research/report/japan/sothers/20140310_008307.html　二〇一四年一〇月二八日閲覧

（6）「原発再稼働と経常収支」、日本経済新聞、大機小機、二〇一四年三月一九日

（7）安全性を確保した原発の再稼働を（会議所ニュース12／11号）、「現在も電力会社はバックエンド費用を総括原価の費用に計上している。政府が昨年末にまとめたコスト等検証委員会報告書でも、バックエンド費用を一・四円／kWhとして計上。さらに、事故リスク対応費用、政策経費といった社会的コストなども含めて原発の発電コストを八・九円／kWh～としている」。http://eco.jcci.or.jp/tag/バックエンドの費用　二〇一四年一〇月二八日閲覧

（8）大島賢一、「国富流出の試算に疑問」、朝日新聞、二〇一四年九月一九日朝刊

（9）http://mainichi.jp/select/news/20130524k0000e040260000c.html　二〇一三年五月二七日閲覧

（10）http://www.yomiuri.co.jp/science/news/20130528-OYT1T00034.htm　二〇一三年五月三〇日閲覧

（11）『チェルノブイリ――虚偽と真実』、長崎・ヒバクシャ医療国際協力会、一九九七年、一二七ページ

（12）「フクシマ連携復興センター」、福島県避難者情報
http://f-renpuku.org/fukushima/evacuee_information　二〇一五年四月一九日閲覧

（13）中曽根康弘、『天地有情』、文芸春秋、一九九六年、一六八ページ

（14）第一九国会、参議院、厚生・外務・文部・水産連合委員会、一号、一九五四年三月三〇日

（15）原子力白書（昭和五一年）、第一章　原子力基本法の制定まで　§1原子力問題の論議、http://www.

AEC.go.jp/jicst/NC/about/hakusho/wp1956/sb10101.htm　二〇一三年五月五日閲覧

（16）武藤清、「コールダーホール改良型発電炉の耐震設計について」（Ⅰ）、日本原子力学会誌、Vol.1、No.7（一九五九）、四四七ページ。（Ⅱ）Vol.2、No.1（一九六〇）、二三ページ
https://www.jstage.jst.go.jp/article/jaesj1959/1/7/1_7_447/_pdf　二〇一四年六月三日閲覧
https://www.jstage.jst.go.jp/article/jaesj1959/2/1/2_1_24/_pdf　二〇一四年一〇月二六日閲覧

（17）地震予知計画研究グループ、地震予知：現状とその推進計画、一九六二年

（18）安芸敬一、一九六四年六月一六日新潟地震によるG波の発生と伝播（2）G波スペクトルより推定した地震モーメント、歪みエネルギーおよび初期歪みと応力、Bulletin of the Earthquake Research Institute, 44（1966）, pp.73-88

（19）金森博雄、The Energy Release in Great Earthquakes, Journal of Geophysical Research, 82, No.20（1977）, pp.2981-2987

（20）Shamita Das and Keiiti Aki, Fault plane with barriers: A versatile earthquake model, Journal of Geophysical Research, Volume 82, Issue 36, 10 December 1977, pp.56-58

（21）Ruff, L. and Kanamori, H., The rupture process and asperity distribution of three great earthquakes from long-period diffracted P-waves, Physics of the Earth and Planetary Interiors 31（1983）, pp.202-230

（22）Hiroo Kanamori, The Energy Release in Great Earthquakes, Journal of Geophysical Research, July 10, 1977, pp.2981-2987

（23）地震予知、一ページ

（24）島村英紀、国の地震研究態勢を問う、「論壇」（朝日新聞、主張・解説面）、一九九七年九月二五日

（25）徹底検証！　テレビは原発事故をどう伝えたか？　YouTube　四六分四八秒、http://ameblo.jp/

human1-cat1/entry-1133006973.html　二〇一三年四月二八日閲覧
(26) http://www.logsoku.com/r/liveplus/1299845354/　二〇一三年四月二八日閲覧
(27) V. Gilinsky, "Behind the scenes of Three Mile Island", Bulletin of the Atomic Scientists, March 31, 2009
(28) http://blogs.yahoo.co.jp/konan119269/32552463.html　二〇一三年四月二八日閲覧
(29) 記事のタイトルは「枝野に惑わされるな！　原発ほんとうのこと『首都圏脱出の必要なし』」で、あやふやな情報に振り回されることのないよう、読者に注意を促している。http://www.zakzak.co.jp/search/?q= 首都圏脱出　二〇一三年五月一二日閲覧
(30) 早川由起夫の火山ブログ、http://kipuka.blog70.fc2.com/blog-entry-535.html　二〇一三年四月二八日閲覧
(31) 福島原発の影響についてのまとめ、http://mswebs.naist.jp/LABs/daimon/HP_rad/sub4.html　二〇一三年五月一日閲覧
(32) 文科省原子力安全技術センター、http://www.bousai.ne.jp/vis/bousai_kensyu/glossary/su09.html　二〇一三年五月一日閲覧
(33) 政府事故調中間報告、二五七ページ、http://www.cas.go.jp/jp/seisaku/icanps/111226Honbun5Shou.pdf　二〇一三年五月三〇日閲覧
(34) http://www.kantei.go.jp/jp/tyoukanpress/201103/23_p.html　二〇一三年五月一二日閲覧
(35) 国会事故調報告、二三一ページ
(36) 文科省第二次報告書、四ページ
(37) 文科省第二次報告書、三五—六ページ
(38) 日本再建イニシアチブ『福島原発事故独立検証委員会調査・検証報告書』、ディスカヴァー、二〇一二

年三月、一八四ページ

(39) http://www.nsr.go.jp/committee/kisei/h26fy/data/0031_04tuika.pdf 二〇一四年一〇月二七日閲覧

(40) http://www.yomiuri.co.jp/politics/news/20110314-OYT1T00740.htm 二〇一三年五月三日閲覧

(41) http://www.yomiuri.co.jp/politics/news/20110315-OYT1T00633.htm 二〇一三年五月三日閲覧

(42) http://headlines.yahoo.co.jp/hl?a=20130208-00000091-mai-soci 二〇一三年二月八日閲覧

(43) Scientists on trial: At fault?、http://www.nature.com/news/2011/110914/full/477264a.html 二〇一三年五月四日閲覧

(44) よくわかる原子力、http://www.nuketext.org/jco.html 二〇一三年五月一三日閲覧

(45) 第七一国会、衆議院科学技術振興対策特別委議事録二五号、一九七三年八月二九日

(46) 中国新聞、21世紀核時代負の遺産、http://www.chugoku-np.co.jp/abom/nuclear_age/us/020428.html 二〇一三年五月二二日閲覧

(47) 第八七国会、参議院予算委員会議事録二〇号、一九七九年四月二日

(48) 同右

(49) 同右

(50) 第四六国会、衆議院科学技術振興対策特別委議事録一八号、一九六四年七月三一日

(51) 原子力委員会、『原子力白書』昭和五五年版、第四章　国際関係活動、二　各国との原子力協定の動き、(二) 日米再処理交渉

(52) 第一〇九国会、衆議院科学技術委員会議事録四号、一九八七年九月一日

(53) 第八〇国会、本会議議事録　第二八号、一九七七年五月一九日

(54) 遠藤哲也、『日米原子力協定(一九八八年)の成立経緯と今後の問題点』、日本国際問題研究所、二〇一〇年、五五ページ

（55）『天地有情』、四〇―二ページ
（56）第八四国会、衆議院災害対策特別委員会議事録九号、一九七八年四月一八日
（57）『天地有情』、二一三ページ
（58）中曽根康弘、「ジュネーブ国際会議から五〇年～わが国の原子力平和利用は～」、第四二回「原子力の日」記念シンポジウム（日本原子力文化振興財団）、二〇〇五年一一月七日
（59）福島第一原子力発電所事故後にＥＵが取った措置、2012/03/06 ブリュッセル MEMO/12/157、http://www.euinjapan.jp/media/news/news2012/20120306/120000/　二〇一四年二月一二日閲覧
（60）中曽根康弘、『中曽根康弘が語る戦後日本外交』、新潮社、二〇一二年、二一四ページ
（61）中曽根康弘、『自省録』、新潮社、二〇〇四年、二三四―五ページ
（62）「日本の核政策に関する基礎的研究」、以下の「憂慮する科学者同盟」のサイトで全文を読むことができる、http://www.ucsusa.org/nuclear_weapons_and_global_security/solutions/us-nuclear-weapons/japan-america-nuclear-posture.html#.VFBUgkunSxY　二〇一四年九月一六日閲覧
（63）長崎新聞、二〇一一年三月二五日、http://www.nagasaki-np.co.jp/news/daisinsai/2011/03/25103728.shtml　二〇一三年四月七日閲覧
（64）山下俊一、「放射線の光と影――世界保健機関の戦略」、日本臨床内科医会会誌、二三巻五号、五四三ページ
（65）学校のヒバク基準についての文科省の決定、二三文科ス第一三四号、http://www.mext.go.jp/a_menu/saigaijohou/syousai/1305173.htm　二〇一三年四月一〇日閲覧
（66）二本松市での山下講演、http://www.ourplanet-tv.org/?q=node/1037　二〇一三年四月一〇日閲覧
（67）山下俊一、「チェルノブイリ原発事故後の健康問題、被爆体験を踏まえた我が国の役割――唯一の原子爆弾被災医科大学からの国際被ばく者医療協力」、二〇〇〇年二月二九日、http://www.ＡＥＣ.go.jp/jicst/

NC/tyoki/bunka5/siryo5/siryo42.htm　二〇一三年四月六日閲覧、山下が言う放射線被ばくに起因する小児甲状腺ガンが多く見られるのは隣国のベラルーシ（旧白露）だ。

(68)「低線量被ばくを、チェルノブイリから知る」、「カタログハウスの学校」、二〇一一年三月三一日、http://www.cataloghouse.co.jp/yomimono/genpatsu/sugenoya/　二〇一三年四月一六日閲覧

(69)「甲状腺がん――福島子ども調査、新たに二人　北海道がんセンターの西尾正道院長の話」、毎日新聞、二〇一三年二月一四日、東京朝刊、http://mainichi.jp/select/news/20130214ddm041040172000c.html 二〇一三年二月一五日閲覧

(70)ウクライナ政府（緊急事態省）報告書『チェルノブイリ事故から二五年 "Safety for the Future"』より、(二〇一一年四月二〇―二二日、チェルノブイリ二五周年国際科学会議資料)、『市民研通信』第一四号 通巻一四二号二〇一二年一〇月

(71)原田正純、『油症は病気のデパート―カネミ油症患者の救済を求めて』、アットワークス、二〇一〇年六月

(72)山下俊一、「チェルノブイリ原発事故後の健康問題、被爆体験を踏まえた我が国の役割――唯一の原子爆弾被災医科大学からの国際被ばく者医療協力」

(73)最高裁判所第三小法廷の上告棄却の決定、二〇一三年四月一六日

(74)西日本新聞、二〇一三年一一月二日

(75)厚労省ホームページ、http://www.mhlw.go.jp/bunya/kenkou/genbaku09/08.html　二〇一三年九月一八日閲覧

(76)フランシス委員会報告書（ABCC業績報告書三三―五九）、http://www.rerf.or.jp/library/scidata/trs/tr33-59/conclusi.htm　二〇一三年九月一八日閲覧

(77)John T. Edsall, Robert Keith Cannan 1894-1971, http://www.nasonline.org/publications/

biographical-memoirs/memoir-pdfs/cannan-robert-k-1.pdf　二〇一三年八月六日閲覧
（78）　Edsall et.al.　同上
（79）　原爆症認定判決――「トンネルの向こうに光」原告ら喜びの声、毎日新聞　二〇一三年八月二日　二二時三八分配信、　http://mainichi.jp/select/news/二〇一30803k0000m040092000c.html　二〇一三年八月四日閲覧
（80）　Schmitz-Feuerhake, Inge, Dose Revision for A-bomb Survivors and Question of Fallout Contribution, Health Physics, 44, No. 6（June）, 1983, pp.693-695　この論文は当初掲載を拒否されたが、編集者への手紙として掲載された
（81）　中川保雄、彼の生前の論文の集大成が一九九一年『放射線被曝の歴史』（技術と人間、二〇一一年増補版は明石書店）として出版された
（82）　R. K. Cannan, Atomic Bomb Casualty Commission: The First Fifteen Years, Bulletin of the Atomic Scientists, October 1963, pp.43-48
（83）　The Manhattan Engineer District, THE ATOMIC BOMBINGS OF HIROSHIMA AND NAGASAKI, June 29, 1946, http://www.cddc.vt.edu/host/atomic/index.html　二〇一三年八月六日閲覧
ＡＢＣＣ、「国立予防衛生研究所とＡＢＣＣが共同で実施する原子爆弾被爆者寿命に関する研究企画書」、Technical Report ○四―五九、一九五九年、二二ページ
Beebe GW, 石田保広, Jablon S、「原子爆弾被爆生存者の寿命調査。第一報。ＡＢＣＣ医学調査の対象者における死亡率と研究方法の概略、一九五〇年一〇月―一九五八年六月」。広島医学　一五、一九六二年、一四〇〇（一五四）ページ
（84）　朝日新聞、東京本社版、二〇一三年八月四日、朝刊
（85）　槙弘、「ＡＢＣＣ業績のまとめ」、原子爆弾後障害研究会講演集　第七回　一九六七年三月三〇日、

三八ページ

（86）「放射線と私たちの健康との関係」、福島テルサ、二〇一一年三月二五日、ラジオ福島、http://www.rfc.co.jp/news/details.php?id=1501　二〇一三年九月一七日閲覧

（87）東京新聞、二〇一四年一月一四日夕刊

（88）この表現は「便所のないマンション」として『原子力発電』（武谷三男編、岩波新書、一九七六年）の七章の最終パラグラフに登場したのが最初と思われる

（89）東京新聞、二〇一二年九月四日、http://www.tokyo-np.co.jp/article/feature/nucerror/list/CK2012090402100003.html　二〇一四年一月一七日閲覧

（90）山田孝男、毎日新聞、二〇一三年八月二六日

（91）小泉純一郎、記者会見、日本記者クラブ、http://digital.asahi.com/articles/TKY201311120472.html?_requestur...s/TKY201311120472.html&ref=comkiji_txt_end_s_kjid_TKY201311120472　二〇一三年一一月二七日閲覧

フィンランド大使館、最近の出来事・お知らせ、二〇一一年一〇月一八日、http://www.finland.or.jp/public/default.aspx?contentid=231845　二〇一四年二月一日閲覧

（92）D・E・リリエンソール、『原爆から生き残る道――変化・希望・爆弾』（Change, Hope and the Bomb）、鹿島守之助訳、鹿島研究所出版会、一九六五年、二二四ページ、以下では『変化』と略記

（93）David E. Lilienthal, ATOMIC ENERGY: A NEW START, HARPER & ROW, PUBLISHERS, New York,1980, 一三―四ページ、以下ではNEW STARTと略記

（94）NEW START, 八二ページ

（95）ヒロシマ平和メディアセンター、http://www.hiroshimapeacemedia.jp/mediacenter/article.php?story=2013070310374355_ja　二〇一三年一一月二九日閲覧

（96）NEW START, 一四－五ページ

（97）一九六五年から二〇〇八年までの四三年間にほぼ三千億円、地震予知計画の各次における予算額推移、http://www.mext.go.jp/b_menu/shingi/chousa/kaihatu/005/shiryo/07112918/006/001.htm 二〇一三年一一月二三日閲覧

（98）Nuclear New York, https://sites.google.com/a/nyu.edu/nuclearnyc/nuclear-power/nuclear-power-plant-in-queens 二〇一三年一一月二三日閲覧

（99）『変化』、一二一―二ページ

（100）『変化』、一二三ページ

（101）菊池正士、『日本原子力学会誌』、一五巻四号、一九七三年四月、八四―九ページ

（102）菊池、同上、八九ページ

（103）USNRC, Reactor Safety Study, An Assessment of Accident Risks in U.S. Commercial Nuclear Power Plants, WASH-1400（NUREG 75/014）(1975), P.11

（104）菊池、同上、八四―五ページ

（105）菊池、同上、八五―六ページ

（106）菊池、同上、八六ページ

（107）菊池、同上、八八ページ

（108）伏見康治、「本来安全な原子炉を求めて」（『アラジンの灯は消えたか？』所収、日本評論社、一九九六年一二月、四ページ）

（109）『変化』、一二三ページ

（110）NEW START, 一五－六ページ

（111）NEW START, 第四章　無視する危険、特に二五－七ページ

(112) N・コペルニクス、『天体の回転について』、矢島祐利訳、岩波文庫、一九五三年、一六ページ
(113) NEW START, 一八ページ
(114) 菊池、同上、八七—八ページ
(115) 『変化』、三四—四六ページ
(116) A・K・スミス『危険と希望』（広重徹訳、みすず書房、一九六八年一月）、四八八‐四九七ページ
(117) 『変化』、一一三ページ
(118) 『変化』、一四一ページ
(119) 『変化』、一四一—二ページ
(120) 『変化』、一〇五—六ページ
(121) 『変化』、九二—三ページ
(122) 『われらの時代に起ったこと——原爆開発と12人の科学者』、岩波書店、一九七九年、一四四ページ
(123) 日本経済新聞（2014/2/7 2:00）、http://www.nikkei.com/article/DGXNASFS0602J_W4A200C1MM8000/ 二〇一四年二月一一日閲覧
(124) ロイター（二〇一四年二月七日 10:33 JST）、http://jp.reuters.com/article/topNews/idJPTYEA1600O20140207 二〇一四年二月一一日閲覧
(125) 読売新聞、二〇一四年二月一三日一九時五八分、http://www.yomiuri.co.jp/politics/news/20140213-OYT1T01110.htm?from=main5 二〇一四年二月一四日閲覧
(126) http://en.rsf.org/IMG/CLASSEMENT_2012/C_GENERAL_ANG.pdf http://en.rsf.org/press-freedom-index-2013,1054.html http://rsf.org/index2014/data/index2014_en.pdf いずれも二〇一四年一〇月一〇日閲覧

著者紹介

常石敬一（つねいし　けいいち）

1943年生まれ。
1966年東京都立大学理学部物理学科卒業。
長崎大学教養部教授、神奈川大学経営学部教授を経て、現在神奈川大学名誉教授。

専門：科学史、科学社会学。

主要著書：『消えた細菌戦部隊――関東軍第七三一部隊』（海鳴社、1981年）、『医学者たちの犯罪組織――関東軍第七三一部隊』（朝日新聞社、1994年）、『七三一部隊』（講談社現代新書、1995年）、『化学兵器犯罪』（講談社現代新書、2003年）、『原発とプルトニウム』（PHPサイエンス・ワールド新書、2010年）、『結核と日本人――医療政策を検証する』（岩波書店、2011年）など。

表紙／写真提供：共同通信社　　敷地内に汚水タンクが立ち並ぶ
事故から４年後の東京電力福島第１原発　2015年３月11日撮影

神奈川大学評論ブックレット　38

3.11が破壊《はかい》したふたつの神話《しんわ》――原子力《げんしりょく》安全《あんぜん》と地震予知《じしんよち》

2015年７月10日　第１版第１刷発行

編　者――神奈川大学評論編集専門委員会

著　者――常石敬一

発行者――橋本盛作

発行所――株式会社御茶の水書房
〒113-0033　東京都文京区本郷5-30-20
電話　03-5684-0751

装　幀――松岡夏樹

印刷・製本――東港出版印刷株式会社

Printed in Japan
ISBN 978-4-275-02014-7　C1036